たけし、さんま、所の「すごい」仕事現場

吉川 圭三
Yoshikawa Keizo

小学館新書

まえがき

テレビが最も妖しい魅力を放つのは、

「狂気を孕《はら》んだとき」

「公序良俗に反することやタブーが暗喩として上手に表現出来たとき」

「予測不可能な展開が起こったとき」

である。


私がビートたけしの爆発するような「狂気」を最後に目撃したのは、2007年4月のことであった。当時、管理職であった私はいまだテレビの現場への未練を断ち切れず、『さんま&所の大河バラエティ!超近現代史!』というスペシャル番組を企画・制作した。バブル期の1986年から2007年までの風俗史・文化史・経済史を描く4時間の大型バラエティである。当時はまだ珍しかったクロニクル（年代記）番組だった。

特別ゲストのビートたけしは土地転がしで巨万の富を得た「バブル王」という設定で登場。金色に鈍く光るスーツ、ピンク色のミンクのコートを着てパンチパーマのカツラをかぶっている。小道具はサングラスと太い葉巻。そんな扮装で明石家さんまや所ジョージとトークをする。

わざわざ呼び寄せた本物の銀座の高級クラブの美人ママに、最高級シャンパン「ドンペリニヨン・ピンク」と高級ブランデー「ヘネシーXO」を混ぜた、一杯10万円はするという伝説のカクテル「ピンドンコン」を作ってもらい、3人がそれを飲みながらバブル時代の体験談を語るのである。

収録は滞りなく進み、やがてエンディングコーナーに突入した。クライマックスは、書道家の武田双雲に巨大書道で「超近現代史」と書いてもらうという演出だった。たけし、さんま、所、そして奥にはバブル経済をわかりやすく解説する役どころの池上彰が、それをじっと観ている。

するとしばらくして、たけしがゆっくりと動き始めた。スタッフが不穏な動きに気がついたときにはすでに遅かった。たけしは突然、足のつま先で墨がたっぷり入ったバケツをひっくり返したのだ。

これが全てのきっかけだった。一瞬の空白の後、「あうんの呼吸」とでも言うべきか、驚くべき反応速度で明石家さんまが動く。「たけしはん、あんた何すんねん！」と言いながら、武田双雲から巨大筆を奪い取り、床の墨をたけしのほっぺたに付ける。たけしが、猛烈に反撃する。もう一つの墨のバケツごとさんまの頭に被せる……。それからは阿鼻叫喚の真っ黒な墨地獄だ。

もちろんこの展開は、台本にもスタッフの想定にもない。たけしとさんまが巨大筆を奪い合い、2人のみならず、所ジョージも全身墨だらけになった。墨はご存じのように服に付くとなかなか取れない。高級スーツなど、衣装は当然日テレの買い取りになってしまう。

セットの奥に避難していた池上彰が戦慄の表情でこの様子を見ている。普段、汚れ仕事をやらない所ジョージもこの状況を楽しんでいる。もちろん、この3人だからだ。小さなキッカケからとんでもないことになったが、大物3人、墨だらけになって大いに盛り上がった。

本番後、シャワーを浴びたたけしがタオルで頭を拭きながら、さんまにこうつぶやいた。

「ひさしぶりだな〜。明石家。『ひょうきん族』以来じゃねえか」


まったく恐ろしいオッサンたちだ……。

思えば、ビートたけしの狂気の「破壊癖」は1992年の『FNS27時間テレビ』で本性を現した。さんまが当時買ったばかりの超高級英国車・レンジローバーを、たけしが「車庫入れ」と称して運転。さんまの目の前でブロック塀に当てまくりボコボコに破壊する場面である。テレビ史に残る強烈なシーンであったが、あれはフジテレビのスタッフの周到な準備の上に成立した壮大なリアルコントという側面があった。

しかし、今回はスタッフにとって全くの想定外である。たけしはたった一杯のバケツをひっくり返すだけで、たったひとりでこの地獄絵図を作ってしまったのである。

たけしの「狂気」ともいえるテレビバカぶりは還暦を過ぎてもまったく変わっていなかった。私は身震いした。初めてたけしと仕事をした番組演出の福士睦は度肝を抜かれ、同時に大興奮していた。そう、これがバラエティ番組の本質なのだ。この場面はすごい反響で、高視聴率も獲得。あっという間に番組はパート2が決定した。

ただし、池上彰には再出演の交渉をした際、

「せっかくのお話ですが、やはり、墨をぶちまけるような番組には……」

と、丁重に断られてしまったが。誠に賢明なご判断であった。池上さんには「狂気」の現場は似合わない。


近年、テレビを取り囲む環境は激変した。スマートフォン、タブレット端末の普及とインターネット動画配信ビジネスなどの急伸で、長く娯楽の中心にあったテレビの地位が脅かされてきている。さらに言えば、日本におけるテレビ番組の中身も変わりつつある。冒頭のたけし、さんま、所のエピソードで紹介したような、ある種の「狂気」や「熱」を帯びた「ギリギリの表現」が失われつつあるのだ。

テレビのコンテンツ力低下は様々なところで指摘されている。その一因にはコンプライアンス（法令遵守）の厳格化や、制作費の切り詰めなど様々な環境変化もあるだろう。しかし、最も大きな問題は、テレビが自ら不確定要素を排除し、予定調和でパターン化され

た「飼い慣らされた大人しいメディア」となってしまっていることが大きいのではないか。
そのような問題意識が、私にこの本の執筆を決意させた。

日本テレビで私と苦楽を共にしてきた、『進め！電波少年』のTプロデューサーこと土屋敏男が昨年こんなことを書いていた。

〈『フジテレビはなぜ凋落したのか』なんて本が流行っているらしいが実はその見方は間違っている。テレビという概念が変わったのだ。テレビという価値観が変わった。それに一番気がついていないのがフジテレビ。そりゃあそうだ！　この価値観を構築し、その路線でずっとやってきたのだから。そうやって30年以上勝ち続けてきたのだから簡単に捨てられないはずだ。しかしそのことに気がつけなければフジテレビはいつまでも復活しない。では他のテレビ局は気がついているのか？

今年トップ確定の僕が所属する日本テレビは気がついているからトップなのか？　残念ながらそうではない。ではそんなことを上から目線で言っている僕はその答えがわかっているのか？　わかっているからそんな風に言えているのか？　それも残念ながらそうではない。ただ一つだけ言えるのは『テレビという概念は変わったのだ。そして新しい概念は誰も見つけていない』ということだけだ。

『シン・ゴジラ』が映画業界の大方の予想を裏切って大ヒットになったが、今生まれることが待たれているのは「シン・テレビ」なのだ。それはどこの局が見つけるのだろうか？

と予想しても意味がない。庵野秀明が新海誠が「シン・エイガ」を見つけたように、業界の常識にとらわれない、「こんなものテレビじゃない」と罵倒される次世代の意固地な偏執狂のような作り手が「シン・テレビ」を見つける。きっと。その隙間を作ったテレビ局が次の時代を見つける。いやその時には「見つけた」と思わないのかもしれない。しかしすぐにユーザーが教えてくれる。「シン・エイガ」を業界の重鎮たちが予測できず興行成績が教えてくれたように。視聴率が教えてくれるだろう。テレビはこういう番組が待たれていたんですよ、と。

『シン・ゴジラ』と『君の名は。』が映画業界内部が全く予想できていなかった大ヒットを飛ばした夏に「シン・テレビ」のことを夢想する〉（「水道橋博士のメルマ旬報」２０１６年9月20日号より引用）

「シン・テレビ」……テレビもまさに既成概念をひっくり返すような新しい映像コンテンツに変化することが待たれている。そうでなければ、今後は主要映像メディア産業としての地位も危うくなる可能性が高い。

月並みな引用ではあるが、進化論を唱えたチャールズ・ダーウィンも、

「唯一、生き残ることができるのは変化できる者だ」

と説いている。

しかし、その変化を成し遂げ「シン・テレビ」を生み出すためには、いったいどうしたら良いのか？

私は、日本テレビから「ニコニコ動画」などを展開するインターネット企業・ドワンゴへと出向した。そこでは、インターネット関係者のみならず多くのアニメーション関係者とも知り合いになった。

そんな中、あるスタジオジブリ関係者からこんな話を聞いた。次々とヒット作を飛ばす米ＣＧアニメーション会社「ピクサー」のことである。

同社に入社する道は極めて険しく、信じられないことにアメリカではピクサー社に入るための専門の高校すら存在するという。そこで基礎を学び、大学でさらに最新のコンピュータテクノロジーから古今東西の名作映画・文学を徹底研究して「人間の心を揺り動かす術と感覚と意識」を日々研究するのである。そこまでして、やっと入社試験を受ける最低限の準備が整うというのだ。

つまり「過去の偉大なる遺産とそのノウハウ」と「最新テクノロジー」の融合こそ未来のヒット作を生み出す鍵であると彼らは考えているのである。

「シン・テレビ」を創造するにしても、テレビ・映画・小説などエンターテインメントの最低限の歴史・履歴を知っていないと、思い付きでただ奇をてらっただけの「クズ・テレビ」が生まれるだけである。

日本人は何事もとかく新しいものばかり重宝しがちだが、過去の傑作とその成功の原理を知らなければ決して新しいものは生まれない。巨匠と呼ばれる世界的な映画監督たちを思い出してほしい。黒澤明からスティーブン・スピルバーグ、マーティン・スコセッシ、宮崎駿、そしてクエンティン・タランティーノ、デビッド・フィンチャーに至るまで、例外なく古今東西の傑作映画や名作文学に詳しい。

たとえ日本最難関の東京大学を出てテレビ局に入って来た人間だとしても、エンターテインメントのコンテンツや表現芸術に対する「基礎教養」と「感受性」、そして「常に学ぶ気持ち」がないと、良いものを作れない。良いものを作るには「温故知新」、つまり「過去の記憶に未来のヒントを求めること」が必要なのではないか。私は頑固にそう信じる。


この書では、まずテレビ・映画に必要不可欠な出演者たちについて語りたい。

私は日本テレビのプロデューサーとして、『世界まる見え!テレビ特捜部』や『恋のから騒ぎ』『1億人の大質問!?笑ってコラえて!』などの仕事を通し、幸運にも「ビートたけし」「明石家さんま」「所ジョージ」という3人の天才と深く付き合うことができた。これまであまり世に出てこなかった、彼らの「仕事人」としてのエピソードを紹介していきたい。

ここではできる限り、噂・伝聞の類を排除し、仕事仲間として、私が自分の目で見たりアルな出来事を剽窃《ひょうせつ》なく描いてゆく。彼らのような稀代の才能がどう生まれ、どう芸能界や笑いを変えていってしまったのか？　そしてテレビというメディアをどう変えていってしまったのか？　それを探りたい。

これも「シン・テレビ」創造への大きなヒントになるだろう。

併せて、今はネット業界に身を置く私であるが、1982年の日本テレビ入社からこのかた見聞きしてきた先輩・同僚たちの信じ難き「面白いテレビを生み出すため」の格闘の様子も描いていきたい。彼らには、「新しいコンテンツ」を生み出すための尋常ならざる熱と狂気があった。また、私自身がテレビ屋として試行錯誤の末に辿りついた「人の心を動かすコンテンツ作りの秘密」も僭越《せんえつ》ながら描いていければと思う。

それは、たけし、さんま、所と共に歩んだ「戦い」だった。大げさかもしれないが、これは3人の怪物との壮絶なテレビ戦記である。

現代のテレビ業界に、あの頃のような「テレビバカ」たちのエネルギーが復活し「シン・テレビ」が生まれることを念じて、この文章をしたためたい。

なお、この本に登場する人々は全て私にとって大いなる尊敬の対象であるが、読者の読みやすさを重視し、敬称略で記すことをお許しいただきたい。

たけし、さんま、所の「すごい」仕事現場

目次

第2章 たけし・所と『世界まる見え』で大逆襲……75

第1章

日テレ快進撃の前夜に出会った「怪物」たち

「明石家さんまをぶんどってこい」

1988年のある寒い冬の日のことである。

3歳上の先輩であるプロデューサーの菅賢治とともに、東京・麹町の日本テレビ前のタクシー乗り場から緑色の東京無線タクシーに乗り込んだ。当時、私は30歳。さしたるヒット番組を当てたこともなく、日本テレビのいちディレクターとして必死に駆けずり回っていた頃だった。

「赤坂のTBSまで……」

我々が毎週金曜・夕方4時からのTBS詣でを始めて、約1年が経過していた。それはまったく先の見えない困難なミッションだった。TBSへ無言で向かう我々の気持ちは重く、隣に座る菅の目は虚ろに見えた。きっと私も、同じように虚ろな目をしていたに違いない。

他の業種でもそうだろうが、普通、テレビマンが同業他社のライバル局に通い詰めることなどほとんどない。異例中の異例だ。それでもＴＢＳに毎週通い詰めたのは、局を挙げてのある特命のためである。

約1年前、ある日テレの幹部が、突然我々にこう言った。

「明石家さんまを日テレにぶんどってこい」

当時は、フジテレビが「楽しくなければテレビじゃない」というスローガンを掲げ、史上最強のテレビ局の名をほしいままにしていた時代である。１９８２年から１９９３年まで12年間連続で視聴率三冠を獲得していた。

フジテレビ躍進の原動力となったのが、ビートたけしやタモリといった実力あるコメディアンたちの活躍だ。中でも、明石家さんまは飛ぶ鳥を落とす勢いだった。フジの『オレたちひょうきん族』や『笑っていいとも！』に出演。86年に放送されたＴＢＳドラマ『男女7人夏物語』では、大竹しのぶと共演し大ヒット。後にブームとなるトレンディドラマの原型ともいわれた。毎日放送のラジオ『ヤングタウン』や、毎週金曜のＴＢＳラジオ『明石家さんまのおしゃべりツバメ返し』も、若者からの支持は絶大だった。

一方、我々の所属する日本テレビは当時民放3位に甘んじ、苦戦を強いられていた。後に、菅は『ダウンタウンのガキの使いやあらへんで!!』を立ち上げ脚光を浴び、「ガースー黒光り」として視聴者にも知られる存在となる。私も『世界まる見え！テレビ特捜部』『笑ってコラえて！』、そして菅と共に『恋のから騒ぎ』『踊る！さんま御殿!!』などの番組を立ち上げ、１９９０年頃から日テレは快進撃を始めることになる。しかし当時、その萌芽はまだまったく見当たらなかった。

２人とも、ただの名もないテレビマンだった。

この頃、危機感を覚えていた日本テレビ上層部は、プロデューサーに小杉善信・渡辺弘（2人とも後に専務に就任）、五味一男（後に『マジカル頭脳パワー!!』ほか企画・演出）、土屋敏男（後に『進め！電波少年』『ウッチャンナンチャンのウリナリ!!』ほか企画・演出）、菅賢治（『ガキの使いやあらへんで』ほかプロデューサー）、雨宮秀彦（『伊東家の食卓』ほか企画・演出)、そして私・吉川圭三など若い世代を据え、新陳代謝を図ろうとしていた。

しかし、肝心の実力派タレントたちがフジテレビに独占されている以上、思うような成果はあがらなかった。

人気タレント獲得は最重要課題だった。後に『電波少年』などを立ち上げる土屋敏男も、とんねるず、ダウンタウン、ウッチャンナンチャンなどの懐に入り込むべく孤軍奮闘で日夜フジテレビやニッポン放送に張り付いていた。

その中でも「最大の難関」が明石家さんまだった。

フリートークの天才

明石家さんまの実力は思い知っていた。1981年に始まった『オレたちひょうきん族』など、ゾッとするほど面白かった。ビートたけしの「タケちゃんマン」、さんまの「ブラックデビル」という2人の丁々発止の対決などは、何か別の国のエンターテインメントを見ているような思いすらした。

「これはレベルが違う……」

当時の日テレでは到底、実現不可能な番組とすら思われた。フジにあって日テレにないものは何なのか？　我々は朝から晩まで考えたが、答えはわからなかった。

明石家さんまの恐るべき才能が最も発揮されたのが、『笑っていいとも！』の金曜日、タモリとのフリートークのコーナーだろう。１９８４年頃だっただろうか。麹町の日本テレビのデスクの上のテレビで、初めてこのコーナーを見たときのことは今も覚えている。思わず見入るとともに、背筋がゾッとした。

テレビの中のさんまは、「なぜ、自分がスタジオアルタに遅刻したのか」――その理由を微に入り細に入り語る。それだけで30分ほどの立派な爆笑コーナーが成立している。となんでもなく、面白い。

当時の私にはこの話術の秘密が全く理解できなかった。大げさではなく、「テレビが劇的に変わる瞬間」を目撃している気分であった。

そのコーナーはあっという間に『笑っていいとも！』の名物コーナーになった。よほど悔しかったのか、ある放送作家が私のデスクにすり寄って囁いたのを覚えている。

「あれ、フリートークに見せてますけど、絶対台本ありますよ」

私は「ああそうですか、台本ありますか」とあいまいに相槌を打ったが、内心「台本は絶対にない」と確信していた。予定調和のない完全なるアドリブであるから視聴者は新しさを感じ取ったし、だからこそ爆発的人気をもって迎えられたのだ。

それでも、当時の普通のテレビ屋には、あのコーナーで展開される天才アスリートのような瞬発力ある雑談芸と話術がにわかには信じられなかったのだろう。後にこの「台本」と「打ち合わせ」のない「芸人・タレント任せ」のフリートークはテレビ界を席巻し、近年ではパターン化してしまうことになる。しかし、この時代ではテレビ界における「画期的な発明」だった。

私は現在に至るまで、この分野において明石家さんまに敵う者はいないと思っている。

言葉も会釈もない1年間

私たちは強く信じていた。この男が日テレのゴールデンタイムに登場すれば、潮目が変わる。

だからこそ、我々はさんまのラジオ収録現場に毎週のように訪れ、オファーの機会を窺っていたのである。しかも土屋のようにひとりで張り着くのではなく、2人1組になって通い詰めた。

しかし、その道のりは果てしなく険しかった。スタジオ入りするさんまは、我々が深々と頭を下げてもチラッと目線をくれるだけで言葉は決してかけてくれない。2週に1度は、我々の上司である小杉善信プロデューサー（現・専務）も同行したが、3人でも結果は同じだった。

我々は1年間、まるで「空気」のようにそこに立ち会い、放送終了後、「お疲れ様でした」といって最敬礼で見送り続けた。その間は明石家さんまから話しかけられるどころか、会釈すらなかった。

なぜ、明石家さんまを日本テレビに連れて来ることが、ここまで困難なことになってしまったのか？　それには思い当たる一つの理由があった。

さんまがデビューした70年代後半から80年代前半にかけての日テレのテレビプロデューサーには、局の内外に権勢を誇る大物が多かった。一方で、さしたる実力も無いのに威張っている人が多かったのも事実だった。

「公開・演芸」というお笑いを扱う班にも、そんな大物プロデューサーが何人もいた。さんまはデビュー当時から頭一つ抜けた吉本のホープだったが、当時さんまを登用したある大物プロデューサーA氏とソリが合わなかったようなのだ。

大阪から東京に通っていた若き日のさんまに、A氏は常々「東京に出てこいよ。俺が面倒見るから」などとうそぶいていたという。

私もA氏の部下だったことがある。少々親分風を吹かせるタイプではあるが、決して悪い人ではなかったと記憶している。しかし古い体質の権威的なものを嫌う「若き才能の塊」であったさんまは、A氏の大言壮語と実力のギャップに違和感を持っていた可能性が高いと思う。また、A氏がさんまの持ち味を生かすような番組をプロデュースできなかったことも厳然たる事実だ。かくして明石家さんまは日テレから離れていった。特に1981年初頭からフジテレビに猛烈な風が吹いていた頃には、日テレとはほとんど断絶状態という有様だった。

そういう経緯を、さんま詣でを繰り返す我々は把握していた。そのためこのミッションに挑む気持ちは、スイスの名峰アイガー北壁を昇るような絶望的なものだった。しかし、上層部からのプレッシャーも強く、引くに引けない状態となっていた。

しかし、TBS通いが1年目を過ぎたある日、初めて「風向きが変わる瞬間」が訪れた。ラジオの収録中、明石家さんまがこう言ったのだ。

「そや、テレビ局が楽屋に果物とか菓子とかよう持ってきよるけど、それじゃ何にもならんねん。もうこうなったら、テレ朝には全自動マージャン卓、フジには小型サウナ、TBSには高級冷蔵庫、そや、日テレにはプールを持ってきてもらおかいな」

——確か、こんな内容だったと記憶している。明石家さんま本人にとってはただのラジオトーク中の思いつきの冗談だったかもしれないが、藁をもつかむ思いの我々にとっては、まさに地獄で目の前に垂らされた1本の細い蜘蛛の糸である。

今考えると、さんまに近づくにはあのたった一度のチャンスしかなかった。横に座って一緒に収録を眺めていた小杉と菅の顔を見た。2人とも、筆者と同じように目を丸くしている。3人とも、口にこそ出さないがこう思ったのである。

「プールだ！　プールさえプレゼントすればさんまさんが日テレに出てくれる！」

収録後、われわれは「1年間の苦労が実った」と手を取り合って喜んだ。しかし、当たり前の事実に気がついて青ざめるのにそう時間はかからなかった。

「だけど、どうやってさんまさんにプールを差し上げればいいんだ？」

テレビの制作現場では、現場のプロデューサー、ディレクターにそれなりに大きな額の制作費を使う裁量が委ねられている。しかし、プール付きの一軒家をプレゼントするのは到底無理だ。

「どうすればいい」——こうして悩んでいる間にも、次の金曜日は迫ってきている。私は迷った末、渋谷の東急ハンズに向かった。

「この店で一番大きいビニールプールをください」

出てきたのは、小学生4人が入れるという2・5メートル四方ほどの四角いビニールプールだった。空気入れも一緒に買った。そして翌週の金曜日、いつものTBSに馬鹿でかい箱を持参し、恭《うやうや》しく明石家さんまに差し出したのである。さんまは、一瞬絶句した。しかしその後、あの真っ白な歯を見せてこう言ってくれたのである。

「日テレ、ホンマにプール持ってきよったで。アホやな～」

まさにその日から、何かが大きく変わったような気がした。TBSのラジオの中でも小杉と菅と吉川の3人をいじってくれるようになった。高飛車だったAプロデューサーと比較してのことか、「日テレで一番腰の低い3人組」と呼んでくれた。どうやら「日テレの若い奴は洒落がわかっとる」と思ってもらえたらしいのだ。プールのプレゼントを意気に感じ、「こういうやつらと一緒なら面白い仕事ができるのではないか」と思ってくれたのかもしれない。

800万円のセットが「無駄」に

ここからはスピーディに話が進んだ。日テレでのさんま新番組プロジェクトがトントン拍子で進み、土曜日夜10時の30分枠が取れた。『さんま・一機のイッチョカミでやんす』というコント番組だ。いまやよほどのマニアにしか知られていない伝説の番組だが、フリートークを先に撮って、その話題にちなんだコントを翌週撮るという画期的な内容だった。『オレたちひょうきん族』『笑っていいとも!』を仕掛けるフジテレビの横澤彪プロデューサーも、我々の動きにやきもきしているという話が伝わってきた。

ただし、さんまとの初仕事はそう簡単なものではなかった。我々は、新番組の第1回目の収録から天才芸人の強烈な洗礼を受けることになる。

麹町・日テレ本社のスタジオの横にある打ち合わせ室で、小堺一機、ラサール石井、松尾伴内、ジミー大西といった出演者たちがみな本番を待っている。そして、最後に現れたのがさんまだった。

突然の登場からすぐに雑談が始まり、一同をドッと笑わせた後、さんまはピッと仕事の顔に変わった。当時のさんまは、仕事モードに入るとかなりの緊張感を漂わせており、若手テレビマンの私は、ある種の恐怖を感じるほどだった。立膝で屈み、神妙に耳を寄せる私に、さんまはこう聞いた。

「最初、何から撮る？」

私が決定していたコントの概略を説明すると、さんまは3秒ほど沈黙してから、こう言い放ったのだ。

「あ、それいらんわ」

……。控室が凍り付いた。それは前の週、すでに綿密に打ち合わせたはずのコントだった。すぐ横にあるKスタジオには、照明もバッチリ決まった巨大セットがすでにできあがっている。８００万円ほどのお金がかかっている。私が1回目のディレクターであった。

さんまが「いらん」といったということは、この800万円のコストと、これまでの労力が一瞬にして無駄となることを意味する。

唾をゴクリと飲み込んだ。私は意を決して、スタジオのセットを建てた美術さんと照明さんに事情を説明した。もちろん、土下座とともに。


後になってある放送作家に聞くと、フジテレビの絶頂期の『オレたちひょうきん族』では、このような「コント中止」「セット撤収」は頻繁に起こっていたことだったという。しかし、絶好調のフジテレビにはできても、日本テレビではそんなルールは全く通じない。

私はただひたすら、ガラガラに酒焼けした声の、ヤクザのような風体の大柄な美術監督に頭を下げるしかなかった。彼は不満を隠さなかったが、ついに私に根負けしてこんな妥協案を出してくれた。

「わかった、吉川。ただし一つだけ条件がある。最終的にボツにしても構わないから、あのセットを使って撮るだけ撮ってみてくれよ」

せっかくセットを作った美術監督の気持ちもわかる。戦々恐々の思いで、私はさんまに報告した。しかし、彼が妥協することは決してなかった。

「放送せんものを撮ってもしゃあないやんか。おもろないんやから」

私はもう、何も言えなかった。その後、さんまはことあるごとに、私にこう語った。

「テレビは空気が大事なんや」

それは「いくら立派なセットを建てて入念に準備していても、『面白くない』と瞬間的に感じたものは絶対に面白くならない」という、さんまの哲学だった。これほどテレビの本質、特にバラエティ番組の本質を表した言葉はないだろう。

しかし、一方で裏方の努力もわかるから辛い。私はテレビ屋だから、それまで何度も現場で土下座をしたことがある。しかし、あの時の土下座ほど痺れた土下座はなかった。

「これが飛ぶ鳥を落とす勢いのフジテレビと俺たち日テレの違いなんだ」

と思い知ったのである。そして後述するが、この「明石家さんまセット撤収事件」のカルチャーショックは、後に日本テレビに根本的な変革をもたらしていくことになる。

さんまと我々の間に「プロとしての信頼関係」が築かれるには、その後1年近くの時間がかかった。結局、表現にかかわる仕事は「相手がこちらを信じられる状態」と「こちらが相手を信じられる状態」の両立が前提になっていると私は思う。さんまが我々の目を見て話してくれるようになるのは、皮肉にも番組の終了が決定した頃のことだった。

しかし、私にとって、さんまとの番組作りは、その後の運命を変えるほどの貴重な体験となった。これからさらに昇ってゆくスターの、妥協なきプロ意識と緊張感を身近に感じることができたのだから。

明石家さんまは「二律背反」の男である

明石家さんま――テレビ画面で見るあの天才芸人は、いつもカッカッカッと白い歯を見せて笑っている。しかしそんな男が、こと番組作りに関しては「真顔」になる。あの真剣な表情と強烈なエネルギーは、当時は周囲の人間に強い緊張感を感じさせるほどのものだった。あの迫力は味わってみないとわからない。しかし、そんな男と頻繁に対峙していると、我々の番組制作に取り組む姿勢も自ずと変わって来る。後に私たち日テレスタッフがさんまと数々のヒット番組を世に出すことになるのは、その苦しい日々の積み重ねによるところが大きいだろう。

30年お付き合いをしてきたが、明石家さんまほど分析が難しい人物はいないと思う。それでも、あえて分析してみると、こうなる。

・限りなく残酷に本質を見抜き、瞬間的に鋭くそれを突いてくる。
　しかし、限りなく優しい。
・限りなくデリケートかつ繊細であり、限りなく強靭でタフである。
・限りなくいい加減で、限りなく几帳面である。
・限りなくバカができて、限りなく真面目に世の中を生きている。
・限りなくルールにとらわれないが、限りなく堅牢な哲学がある。

・限りなく慎重であるが、限りなく間抜けなこともしてしまう。

「何を言っているかわからない」と思われるかもしれない。私が知る限り、この世で最も文章化しにくい存在が「明石家さんま」という男である。私の持論だが、超一流の人気コメディアンは皆、すべてこのような「二律背反性」を持っていると思う。中でも、さんまは特にとらえどころが難しい。

さんまについて詳しく語るなら、彼と30年ほど公私を共にする中で経験した抱腹絶倒のエピソードを披露するという選択肢もあるだろう。彼はテレビカメラが回っていない場所でも、自分の周囲に透明なドームのように「笑いの時空間」を作ってしまう。その空間に身を置く者は、ブラックホールのような「さんま蟻地獄」の中で、いつの間にか「笑い」を発信する側に回らされてしまう。テレビで見せる「素人いじり」の名人芸を、さんまはいついかなる時も発動するのだ。

ただし、彼との爆笑エピソードをここで記すのは避けることにする。エピソードを羅列するだけで百科事典のような分厚い紙幅が必要になるし、第一、私の筆力ではその魅力的な「笑い」を読者に届けられない。それを書くことはきっと私の役目ではないのだ。もし書いたとしても、さんま本人にきっとこう言われるに決まっている。

「なんか書いとるで。吉川君。アホやで～ホンマ」

そんな「笑いのプロフェッショナル」の明石家さんまが、尋常ならざる緊張をもって臨む芸人を、私はひとりだけ知っている。

ある番組の本番前、私はさんまに付いて下手《しもて》の舞台袖にいた。もうひとりのスターは上手《かみて》に控えており、本番スタートと同時に２人がスタジオに現れ、猛烈なオープニングトークが始まる……という筋書きである。スタッフは本番まで決して２人を会わせない。２人のテンションを極限まで上げるためだ。

さんまはヘビースモーカーで有名だ。舞台袖で待っている間も、たばこを吸っていた。せわしなく一口、二口吸って、水の入った紙コップに吸い殻を投げ込んだ。

……その時、私は見てしまったのだ。たばこのニコチンとタールがたっぷりと入った琥珀色の液体の入った紙コップを、さんまがスタッフから再び取り上げてゴクリと飲んでしまう瞬間を。しかも、それに気がついた様子すらなかった。
あの強靱で、冷静で、ミスをしない明石家さんまが。それは彼を知る者にとって、ありえない光景だった。極度の緊張状態だったのか、それともこれから対峙する相手を前に極度のアドレナリンが出ていたのか。

そう、さんまと共演するのは「ビートたけし」だった。

私はフジテレビの『オレたちひょうきん族』終了以来、久々に明石家さんまとビートたけしの2人をキャスティングすることに成功した。1回目のスペシャル企画は大失敗だったが、92年の2回目からスタートした『たけし・さんま世紀末特別番組!!世界超偉人100人伝説』はパート12まで続く大ヒットとなった。これはそのパート1で目撃した光景である。

天才・さんまをここまで駆り立てる巨人・ビートたけしとは何者なのか。彼が私と日本テレビに与えた影響も、また大きかった。

「象と桃」事件

私がビートたけしに初めて会ったのは1982年。ボーリング場を改造した「渋谷ビデオスタジオ」でのことだった。

当時の私は、入社したばかりの青臭い新人ADだった。学生時代から映画耽溺性だったた私はガチガチのドラマ志望だったが、配属は「公開・演芸」班となった。今でいうバラエティ班である。

ある日、まだ半人前の私は『テレビに出たいやつみんな来い!!』（通称『テレ来い』）という番組を手伝うことになった。司会はツービート、ディレクターは先輩社員の小杉善信（前出）と、当時まだ無名だった伊藤輝夫、つまり現在のテリー伊藤である。

私の前に現れた伊藤は、その当時からとても風変わりな人物だった。まず、風体がすごい。どこから入手したのか、本物のアメリカ海軍将校の帽子と制服をまとっていた。制服にはおびただしい数の勲章がついており、足下は軍靴という徹底ぶりだ。当時のテレビ業界は奇人変人の巣窟だったが、伊藤はその中でも異彩を放っていた。

この『テレ来い』は、言ってしまえばアメリカの人気番組『ザ・ゴングショー』の完全なパクリであった。当時、日本のテレビ局は本国に無断で英米の番組をパクリまくっていたが、まさにこの番組がその一つ。テレビに出たい一芸を持つ素人を募集し、スタジオでオーディションする。それをそのまま放送する。芸の途中でも、面白くないと判断されればゴングが鳴り、素人は退場させられる。その繰り返しで、その週のチャンピオンを決める。

審査員は、グアム島で発見された元日本兵の横井庄一さん、銀座で風呂敷に包まれた現金1億円を拾った大貫久男さんなど、ちょっと普通じゃない面々。2人のディレクターの素人出演者のチョイスが良かったのか、夜7時台でスタートした同番組の視聴率は、段々と上がってきた。

しかし、放送10週目に忘れもしない「あの事件」が起きた。これは、私が複数の関係者の証言をまとめた描写である。

ある30代の素人男性が登場して、カメラの前で「象と桃をやります！」と宣言した。するとその後、やおら穿いていたスウェットパンツとブリーフを脱いで、局部を露出したのである。

つまり男性器の〝竿〟の部分が「象」であり、〝袋〟の部分が「桃」というネタだった。

この「ギャグ」(?)に、100人ほどの客を入れたスタジオは悲鳴であふれ、阿鼻叫喚の渦となった。審査員をしていた青山学院大学の現役女子大生、川島なお美も「キャー!」と叫んで顔を背けている。

その中でただひとり、ビートたけしだけが嬉々として「出ました、最終兵器!」などと騒いでいる。どういう経緯でこの〝一発芸〟が混入してしまったのかはいまだに不明である。これは断じて「芸」ではないのだが、きっと伊藤による確信犯的な「仕掛け」だったのだと私は信じている。

そして信じがたいことに、その後この番組のスタッフは局部にモザイクを入れただけで、この「象と桃」の一部始終をそのままゴールデンタイムで放送したのである。放送翌日、スポンサーに激怒された局上層部により番組終了がスタッフに宣告されたのは言うまでもないことだった。

しかし、当時は本当に大らかだった。スタッフはひとりもクビにならなかったうえ、その後、なんと全く同じスタッフで『わっ!!ツービートだ』という番組を制作することになる。とはいえ、そんな事件の後ということもあり、番組のエッジは丸められ、不発のままわずか3か月で番組終了が決定した。

この時代、まだ伊藤はその才能を発揮していたとはいえない。ビートたけしも頭一つ飛び出た若手芸人であったが、まだナイフのような鋭さと天才性は発揮できていなかった。また、それを表現する場所が与えられていなかったように思う。

しかし、この後、類まれなる2人の天才はさらに大きく変容して、テレビ界の「怪物」となってゆく。

その大きなキッカケが、85年に始まった『天才・たけしの元気が出るテレビ!!』である。

『元気が出るテレビ』で開花した天才

『元気が出るテレビ!!』は、今思えば壮大な実験番組であった。現在に至るまで、『元気』は日テレだけでなく日本の全てのバラエティ番組に影響を与え続けている。「テレビを変えた」と言っても過言ではない番組だった。当時他の日テレの番組がほとんど不調である中、この番組だけが怪気炎を吐いていた。

〈まえがき〉で、土屋敏男がメルマガに記した「シン・テレビ論」を紹介した。80年代におけるシン・テレビは、まさにこの『元気』だったと私は考えている。土屋の『進め！電波少年』や、土屋の弟子にあたる古立善之が演出する『世界の果てまでイッテQ！』も、この番組にルーツを持っている。現在までの日テレの隆盛を支えるDNAは、確実に『元気』をベースとしている。

『元気』がスタートしたばかりのサブコン（副調整室）は、それこそ戦場のようであったという。スタジオディレクターは後に『電波少年』を立ち上げる土屋敏男。プロデューサーは加藤光夫だった。加藤と総合演出の伊藤の意見が対立し、ネクタイを引っ張って思いっきりお互いの首を絞めあっているという光景が頻繁に見られた。異常な熱気と緊張感を孕んだ現場だった。

元スタッフは語る。

「昔、本で読んだことがあるのですが、『連合国のノルマンディー上陸作戦前夜』というのはきっとこんな感じだったんだろうといつも思っていましたね」

戦場はここだけではなかった。ビートたけしと、伊藤輝夫ほか演出スタッフとの打ち合わせも熾烈を極めていた。

打ち合わせの舞台になったのは、四谷三丁目の高級寿司店や居酒屋。スタッフは毎週のように起こる、ギリギリ土壇場での内容変更の嵐で修羅場を見ていた。テリー伊藤の証言によると、唯一の慰みは月曜の本番収録後。川崎の超高級ソープランドにビートたけしと共に繰り出すことだった。おごってくれたのは出演者の故・松方弘樹だったという。

ビートたけしについて詳しく書き始める前に、彼が存分に暴れることのできる舞台装置を作り出したテリー伊藤について、もう少し語っておきたい。

1973年にテレビ業界に入った伊藤は、前述したようにその12年後の『天才・たけしの元気が出るテレビ!!』で頭角を現した。伊藤の唯一無二の個性を育んだのは、彼がIVSテレビという制作会社で若き日を過ごしたことと無関係ではないと思う。

ＩＶＳテレビの創設者は、読売テレビ時代に『そっくりショー』や『全日本歌謡選手権』などで勇名を馳せ独立した斉藤寿孝だ。聞くところによると、斉藤はＩＶＳを創業したばかりの１９７０年代、社員たちに毎日こんな言葉をかけていたという。

「海賊になって、大海原で暴れまくれ！」

アップル創業者のスティーブ・ジョブズが、社の命運をかけたマッキントッシュ開発チームに「海軍に入るより、海賊であれ！」と檄を飛ばし、社屋にドクロの海賊旗を立てたのは１９８１年のことだった。奇しくも、それより何年も早く、伊藤はほぼ同じ言葉を聞いていたことになる。

『元気』でブレイクするまでも、伊藤は物議を醸す演出でテレビ界に広く知られていた。彼の独自の世界が、最もよく現れていたのが、テレビ東京で放送された『スター大突撃・どっきり爆笑珍指令スペシャル』だろう。

以下、『珍指令スペシャル』のネタをざっと並べるだけで、伊藤の「狂気のテレビ世界」がわかる。

●「浅香光代よ！　極真空手の頂点・大山倍達と『アッチ向いてホイ』をやってこい」指令

●「稲川淳二よ！　ローションまみれで巨大ヘビ・アナコンダとソープランドの『泡踊りプレイ』をせよ」指令

●「稲川淳二よ！　千匹のマムシが入ったプールの上に張った縄を渡り切れ」指令

それはテレビ史上誰も見たことがない、衝撃の爆笑映像ばかりだった。

『元気』はその伊藤が、本領を全て発揮した集大成ともいえるものだった。脂の乗りきった彼は、思いっきり振り切った番組作りでタブーを次々に破壊した。

そんな暴発寸前の「伊藤の狂気」と、底知れぬエネルギーを孕んだ「ビートたけしの狂気」が『元気』でぶつかり合い、強烈なビッグバンを引き起こしたのだ。

以下は、そんな2人が中心となって作り上げた『元気』の企画の数々だ。列挙しているだけで、私は少々興奮してしまう。

○「早朝シリーズ」……「早朝バズーカ」や「早朝ヘビメタ」「早朝ディープキス」「早朝蒸しタオル」「早朝SM」「早朝コーナーポスト」などなど。「早朝バズーカ」ではアフリカ生まれのオスマン・サンコンの寝込みを、3人のバズーカ隊が襲った。真っ暗な寝室にバズーカの大音響と閃光が光る。暗闇の中で、サンコンの真っ白な歯と恐怖で見開かれた目だけが浮かびあがる。爆笑した後で、背筋が凍る思いがした。

○「熊野前商店街復興計画」……東京・荒川区の寂れた商店街を復活させるプロジェクト。『元気』の出演者や豪華芸能人が色んな仕掛けで、無名の商店街を盛大に盛り上げる。全国からお客さんが殺到し、商店街は大混乱になった。

○「『元気』予備校シリーズ」……ジャニーズ予備校、放送作家予備校、プロレス予備校、マンガ家予備校などなど。後に本物のプロフェッショナルとなる売れっ子たちが次々と現れた。

○「あなたの街にヘリコプターがやって来る」……普通の田舎町にヘリコプターがやって来る。当時、日本の田舎はそれだけで黒船来航のような大混乱状態になった。

○「渚で彼女にオリジナルラブソングを歌ってあげよう！」……素人男性が、意中の彼女にラブソングを贈る。真剣で稚拙でスキだらけの歌の数々に日本中が抱腹絶倒となった。

○「ダンス甲子園」……全国のティーンエイジャーが夢中になった超有名企画。

○「100人隊が行く」……主婦が歩いていると、突然向こうから裸の男たち100人が爆走してくる。

○「更生したい暴走族が自衛隊に入隊」……暴走族、自衛隊ともに本物を使ったのだからすごい。

○「大仏魂」……中国に高さ30メートルほどの仏像が上陸し、中国人民を驚愕させる。

○「ガンジーオセロ発見」……150歳以上で、超能力を使う謎のインド仙人「ガンジーオセロ」を発見する。

○「もんじゃの街・月島に半魚人出没」……店員が半魚人の「カフェ・ド・半魚人」も出店。

○「寝たきり老人押し付け合いショー」……寝たきり老人を載せたベッドを長男次男家族が路地を挟んでロープで押し付け合う。

○「埼玉に海を作ろう！」……土木機械で地面を掘り、海水を入れ、水着ギャルを呼んだ。

尋常でない企画ばかりだが、現場の伊藤の熱量も並ではなかったらしい。スタッフたちは、伊藤の狂気に恐怖すら感じていたという。

あるスタッフに聞いた話だが、北海道のある公園で『元気』のロケをしていたところ、たまたま右翼の街宣車がやってきた。拡声器の大音量で、ロケが一時中止になる。これにテリー伊藤は怒り心頭。「お前、あいつらをどけてこい！」と指示されたそのスタッフは街宣車に向かう途中、右翼にボコボコにされるか伊藤にボコボコにされるかで、極度の緊張のあまり思わず二者の間で失禁してしまったという。

『元気』の会議中でも怒りが頂点に達すると、伊藤はごついガラスの灰皿を投げたり、のろのろ無駄な電話をしていたスタッフの手をガムテープで受話器ごとグルグル巻きにしたりする。


一方で、こんな意外なエピソードもある。『元気』のコーナーのひとつである「ダンス甲子園」がヒットし、高校生をはじめ全国の若者が「ダンス王」を目指した。「ダンス甲子園」が社会現象となるなか、伊藤は第二、第三の「甲子園シリーズ」を考案すべく、スタッフと知恵を絞っていた。

「料理甲子園」、「モデル甲子園」、「空手甲子園」、「ドラマー甲子園」……。色々なアイディアが出たが、いまいちパンチに欠ける。長い沈黙のあと、伊藤がアッと声を上げた。

「おい、すごいの思いついたぞ」

みな、伊藤の発言に注目する。

「おい、『野球甲子園』！　コレはどうだ?」

その場にいた放送作家やスタッフ全員が凍りつく。意を決してスタッフのひとりが伊藤に告げた。

「そ、それは随分前からあります。毎年、春と夏に」

伊藤の歓喜の表情は一転、何とも言えない寂しげな笑みを浮かべたという。実は彼には「天然」の一面もあったのだ。

様々な逸話を持つテリー伊藤だが、親しいある放送作家はこう評した。

「確かに奇行はいろいろありましたけど、それは情熱がほとばしった結果だった。彼は朝から晩までたけしさんと一緒にどう『元気が出るテレビ!!』を面白くするかを考えていた。彼の正体は、『真面目すぎるほど真面目な熱いテレビ屋』だったと思います。後進のバカな『自称テレビ屋』たちが、伊藤さんのクレイジーな見た目や奇行のエピソードばかり真似して、仕事を適当にこなしているのを見ると、『本当にこいつらはダメだな〜』と首を傾げます。『お前ら仕事で狂え！』と思います」

今では、伊藤輝夫はテリー伊藤と名を改め、情報番組のコメンテーターとして社会問題を斬っている。ビートたけしも同様だが、私は「あの頃は彼らの存在こそ社会問題だった」と思っている。確信犯で公序良俗に反することをしでかし、テレビに宿る狂気を表現し続けた。

『電波少年』のプロデューサー、土屋敏男はかつてこう話していた。
「新番組はゼロから1にするのが大変。つまりヒットコンテンツを作るのは何もない荒野の土地に城を建てるような仕事だ。でも、このゼロから1を作れる奴は本当に限られている。ビートたけしやテリー伊藤のように前例のないモノを発想し立ち上げることができるのはごく一部の人間だけだ。

この『ゼロから1』を他のテレビ番組からパクってくると、今のテレビ屋がよくやっている『パクリ番組』『二匹目のドジョウ』になる。これがテレビをダメにする。

ビートたけしやテリー伊藤はテレビからの引用は絶対しなかった。彼らのインプットにはすさまじいものがあった。映画・本・漫画などに加え、若い放送作家やたけし軍団との会話・電車の中吊り広告まで日常体験を全て引用してテレビ化していたので、独自の『たけしワールド』や『伊藤ワールド』を作り上げることができた。

一方、1を100にする人間は山ほどいる。それは本物のクリエーターではなく職人的なテレビ屋だ」

ゼロから1を立ち上げる大変さを私も知っているので、この話は身に染みる。ビートたけしもテリー伊藤もあの当時、朝から晩までテレビに没頭していたことが容易に想像できるのだ。

テリー伊藤の話が長くなった。しかし、これはビートたけしという巨人を語る上で必要なことである。伊藤が『元気が出るテレビ!!』を作るために「本気で狂った」のは、間違いなくたけしの存在が大きかったからだ。それくらいビートたけしという才能はテレビの現場において突出していた。

『お笑いウルトラクイズ』の衝撃

残念ながら、私は『元気が出るテレビ!!』にはスタッフとして参加していない。しかし、後になってから、『元気』の仕掛け人である加藤光夫プロデューサーに呼び出しを受けた。加藤は私を含む社員ディレクターを数人集め、ある提案をしたのである。

「制作会社の力を借りず、お前たちだけでビートたけしとスペシャル番組を作れ」

この指示を出した加藤の意図はわからないが、われわれ若手に「ビートたけしの仕事」を学んでほしいという思いがあったのかもしれない。

1988年の11月中旬、私を含む5人の日テレ社員ディレクター、そしてアドバイザーのテリー伊藤、放送作家として「ダンカン」や「そーたに」などが集められた。集合場所は当時の麹町の日テレにほど近い、市ヶ谷の安居酒屋「駒忠」だった。

正月のオンエア予定まで1か月半を切っている。一刻も早く企画をまとめなければ間に合わない。起死回生のプランとなったのは、「そーたに」が出したペラ1枚の企画書だった。

『お笑いウルトラクイズ』


「これだ！」と全員の意見が一致した。後に伝説となる番組が誕生した瞬間である。

後楽園球場からニューヨーク・マンハッタンを目指す日テレの往年の名物番組『アメリカ横断ウルトラクイズ』のパロディ企画だ。

『お笑いウルトラクイズ』は、芸人たちに形ばかりのクイズを振りながら、非常に過酷なロケ企画を詰め込んだドキュメントバラエティである。

たとえば、窓ガラスを外した大型バスを用意し、芸人たちをギッシリ詰め込む。それを大型台風が来襲中の熱海の荒れ狂う海に、大型クレーンで沈めたり引き上げたりする。そのバスの中でクイズをするのである。

芸人たちの戦慄の表情を捉えた映像は、これまでのテレビの歴史に存在しない、まさに「この世の地獄」を表現するものとなった。まさに「コンプライアンスなんてクソ喰らえ！」状態である。ビートたけしは芸人たちの怪我や命のことなど微塵も心配しない様子で、現場でヨダレをたらしながら抱腹絶倒していた。その光景を今でも思い出す。

まさに狂気そのものの現場だった。

この『お笑いウルトラクイズ』には、2回目から『元気』出身の財津功という若手ディレクターが参加していた。この男、ビートたけしと同様の狂気を孕んでおり、「面白さ」のためなら何でもする。大物喜劇人の財津一郎さんの一人息子で、ジェントルマンな雰囲気なのだが、いざ仕事になると完全にクレイジーになる。彼の力も加わり、「阿鼻叫喚・地獄絵図バラエティ」はより進化していった。

私も、初回の『お笑いウルトラクイズ』制作中のどこかのタイミングで、ビートたけしと打ち合わせをしたことがある。あれは四谷三丁目の寿司屋だった。カウンターで寿司をつまむビートたけしの横に、緊張して座っていたことをよく覚えている。

たけしは非常にシャイな男である。こちらとは視線も合わさないで、寿司をひたすら食べている。しかしそれと同時に、彼の口からは今まで聞いたこともないような斬新なアイディアが次々と、湯水のようにあふれ出る。緊張と、「一言一句聞き逃せない」という思いで、私は寿司を一貫もつまむことなく、ひたすら必死にメモを取り続けた。

『オレたちひょうきん族』『元気が出るテレビ!!』時代のビートたけしといえば、まさに昇り龍のような勢いで芸能界、テレビ界を駆け上がっていた頃である。彼の醸し出すオーラは圧倒的だったし、それ以上にマシンガンのように飛び出すアイディアの数々がもっと圧倒的だった。当時、何の実績もなかった私は、とにかく彼から何かを吸収するしかなかった。

たけしにはメッシ以上の「瞬発力」がある

私がビートたけしの凄味を最も間近に感じたのが、1992年の『番組対抗スペシャル』と呼ばれる特番でのことだった。これは日本テレビの「オールスター特番」とでもいうべきもので、当時の日テレのレギュラー番組の出演者のほとんどがGスタジオ（通称・Gスタ）に集結していた。

この番組でのビートたけしは、スタジオが最も盛り上がったところに乱入し、スタジオを引っ掻き回して去ってゆくという設定だった。

私も、その頃には、ビートたけしとの仕事を多くこなし、多少の企画・演出上の提案ができるようになっていた。たけし好みの「ヘンテコ衣装」を用意し、演出プランも完璧に固めていた。

控え室にビートたけしが入ってくる。そして、私の演出プランに耳を傾ける。普段のレギュラー番組であれば、ある程度の段取りが決まっているので細かい打ち合わせはしないが、このときはスペシャル特番だからということで、あえてミーティングをしたのだ。

私は細かく説明した。

「あそこにあの大物タレントがいます。ここには人気アイドルがいます。こういういじり方ができます。そのあとこの小道具であのタレントに突っ込みます」……云々。

ビートたけしは、何を言うでもなく「フンフン」と黙って聞いている。「こういう大舞台への乱入はオイラの真骨頂だ」との自負もあるのだろう、少々興奮しているようにも見えた。

さて本番だ。綺羅星のごとく「Gスタ」を埋めるタレントたちの中に、ビートたけしが突っ込んで行く。たちまち爆笑の渦だ。いきなり毒舌を吐いたり、意外なタレントに突っ込んだり……でも、何かが違うのだ。そう、私の演出プランとまるで違うのだ！

ただ「違う」というだけではない。目の前で繰り広げられるたけしの実演は、私の提示した筋書きをはるかに超える面白さだったのだ。たけしもプロ中のプロである。もし筆者の演出プランのほうが良いと判断すれば、そちらを取るだろう。しかし、筆者のプランと、実際に目の前で展開される実演はレベルが段違いだった。

これにはショックを覚えるとともに、たけしの潜在的能力の高さ、やると決めた時の集中力に驚かされた。「天才とは、こういう存在のことをいうのか」——と改めて実感した。

残念ながら、筆者はサッカー・アルゼンチン代表のメッシに、どう動くかを指示していたようなものだったというわけだ。

このようなことを目の前で体験すると本当に驚嘆してしまう。この日のたけしのパフォーマンスは大ウケだったが、私は呆然と立ち尽くしていた。ハチャメチャに見えるたけしの動きに、ここまで感服したのは直接打ち合わせしていた私だけだったに違いない。

バイク事故からの復活

私は、それから3年後、1995年の同じく『番組対抗スペシャル』の収録で、改めてたけしの凄味を感じることになる。しかし、その種類は全く違う。1992年に感じた凄味が「才能の切れ味」であったとしたら、95年に感じたものが「芸人の覚悟」とでも言うべきものかもしれない。

番組収録の約1年前の1994年8月2日、たけしは東京・四谷の権田原近くの路上でバイク事故を起こし、頭部に深刻な外傷を負っていた。後に、治療と本人の気力で復活するのはご存じの通りだが、その頃は顔面が歪み、芸人としての今後を危ぶむ関係者も多かった。

そのたけしが『番組対抗スペシャル』に出ることになった。もちろん、この番組にビートたけしが出れば話題沸騰となるのは間違いないし、番組的にはこれ以上ありがたいことはない。しかし、「本当に大丈夫なのか？」という懸念はあった。他の番組にはまだ出演していないし、聞けばまだ顔面の半分が大きく腫れているという。それでもビートたけしは義理堅く、出演を了承してくれたのだ。

この日のたけしの登場は「スペシャルゲスト」という扱い。たけしを衝立で隠し、他のタレントに「ゲストに誰が来ているのか？」というクイズを出して、名前を当てれば登場、という流れだった。

しかし当日現れたビートたけしを見て、我々は驚愕した。会うのは事故の後初めてだが、まだ顔面の腫れはひいていない。顔は大きくゆがんでいた。

「この状態でテレビに出るのか？」

正直、筆者はそんな思いを持った。ＡＤが出番を告げる。たけしが登場口に立つ。本人だけは淡々としている。

登場口が開く。この瞬間、ゲストがたけしであることはスタジオに入った200人の観客にもわかる。笑いは一切ない。一瞬の静寂の後、割れるような拍手が起こった。

たけしは椅子に座り、らくだのモモヒキを下ろし、白いブリーフ一丁になった。覚悟を決めたように無表情だ。クイズのVTRが始まる。2～3人が誤答をした後、4人目の回答者が「ビートたけし」と当ててしまった。

スタジオにあまた集まったタレントたちの前に姿を見せたたけし。みな、「本物のたけし」が来ていることに驚嘆し、声も出ない。その後たけしは、朋友・所ジョージと二言三言だけ話して帰っていった。一流の芸人というのは自分を客観視できる。超一流ともなれば、客席の観客ばかりでなく、ブラウン管の前の視聴者やスクリーンの向こうの観客の気持ちまでわかってしまう。あのときのたけしが自分の顔面を見せて「視聴者含め、みんながどう思うか？」を理解していなかったわけはない。すると単なる「義理を果たす出演」というだけでなく、何か腹を括った上での出演という気がしてならない。

あのとき、あのまま隠れるようにして晴れ舞台から逃げ続けていたら復帰は遠のいていただろう。「ありのままのオイラを見てもらってもいい」という判断は、「オイラは今日からもう一度テレビを始めるよ」という不敵な宣言だったのかもしれない。

現在、我々は「平和」にビートたけしのテレビ出演を楽しんでいるが、もしあの出演の後、顔面が治らないままだったら……と想像すると、ビートたけしのあの時の胆の据わり方がよくわかる。

「オイラは芸人だ。死ぬまでテレビに出続ける!」という信念、さらにはビートたけしの死生観、芸に対する凄まじい執念を見た。これは決して大げさな表現ではないと思う。

兄ちゃん、やっちゃったね

ビートたけしは、狂気とも呼ぶべき天才性と、人を惹きつけてやまない人間味が同居する稀有な人物である。

少々、時計の針を巻き戻したい。私がビートたけしと本格的に仕事でタッグを組むことになったのは、1991年のことだった。

最初は所ジョージ、楠田枝里子の2人だけでMCをしていた『世界まる見え!テレビ特捜部』は、とある事情で8か月中断していた。その再開時に、ビートたけしに加わっていただくことになったのである。

当時（今もそうだが）、たけしは「日本で最もブッキングしにくいタレント」のひとりだった。『元気が出るテレビ!!』担当で、「日本一善人のプロデューサー」の異名をとる金谷勲夫がどんな手を使ってくれたかはわからないが、オファーから数週間後、「ＹＥＳ」の返事が来た。奇跡に近いことだと思った。たけしが当時から所ジョージを非常に気に入っていたことも大きかったのではないだろうか。

私はこのブッキング成功を喜ぶとともに、気を引き締めていた。このブッキング成功は、毎週のように、たけし、所に見せるに値する「世界のテレビ」を探してきて、それを見事に編集しなければならない――という責任が生じることを意味していたからだ。スタッフに言い知れぬ緊張感が広がったのを覚えている。

ビートたけしという男は、非常にシャイである。スタジオに入ってきてあのオープニングの派手な衣装を着たら、壁をぼーっと見て一言もしゃべらない。こちらも「天気の話をしたってなァ」と無言でそばにたたずむだけだ。そんな日々が3年も続いたのだ。
そんな状況だから、ビートたけしは私のことなんてほとんど認識していないと思い込んでいた。

ある『世界まる見え』収録の日の朝、私はアクシデントに襲われた。実家のソファに寝ころんで、「さあ仕事に行くか」と身を起こした時、強烈な激痛が腰を襲ったのだ。
腰痛だ。まったく動くことができなくなった。同居していた父母に担がれてタクシーに乗る。親父が杖を貸してくれた。道路の5センチの段差が越えられない。絶望的な気持ちになった。当時、週7日間、朝8時から夜中の2時まで編集作業という日々が続き、スタッフルームの椅子に座りっぱなしだった。それは腰痛にもなるだろう。「これからの『まる見え』どうすんだ?」と考えると絶望感が襲って来た。

スタジオの入り口で、本番直前のビートたけしと出くわした。私は杖をつきながら、よほど暗い顔をして、よたよた歩いていたのだろう。たけしは、私をジッと見て、その後ニンマリ笑ったのだ。そして、私を指差して一言。

「ハハハハ。やっちゃったね。兄ちゃん」

……やっぱりこの人は普通じゃない。「どうしたの？」「大丈夫？」「お大事に～」と、普通の人だったらそう言うだろう。

いくらビートたけしとはいえ、笑って「やっちゃったね」はないだろう、と私も一瞬思った。しかし、実際にそう言われてみると、今までの絶望感が不思議にスーと消えていったのだ。もちろん「ビートたけし」という特異なキャラクターもあっただろうが、あの嬉しそうな顔は一生忘れられない。

この人は残酷なのか、優しいのか。あの時は、正直わからなかった。ただ不思議なことにあの一言でとても気が楽になったのだ。

確かに、たけしに深刻な顔で「大変だな」などと言われて心配されたらどうしていいかわからない。今思うと「笑ってしまうこと」が「最高の治療薬」だった。初めてビートたけしの不思議な優しさに触れた瞬間だった。

ビートたけしと「地下鉄サリン事件」

ビートたけしの内面に触れられたエピソードは、他にもある。

1995年3月20日、月曜日の朝のことである。この日は、『世界まる見え』の収録が麹町の日テレGスタで予定されていた。9時頃、スタジオのサブコン（副調整室）で作業をしていたら、ニュースで「地下鉄で何か事故が起こっているらしい」ということが報じられる。

そして、いつもはいるはずのスタッフが3人ほどスタジオに来ていない。

やがて、局の報道セクションから、「地下鉄の霞ケ関駅で毒ガスによるテロが発生した」との情報が入った。

テレビの前に張り付くと、霞ケ関駅付近に救急車が集まり、騒然としている空撮映像に切り替わった。

オウム真理教による「地下鉄サリン事件」である。前代未聞の事件を前に、収録現場も騒然となったが、番組収録には大変な準備と膨大な予算がかかっている。簡単に中止するわけにもいかない。

そうこうしているうちに、ビートたけしが衣装室に入ってきた。いつも、たけしのそばでこまめに気を遣っている衣装担当のスタッフがひとりいない。

たけしは、いつもと違う現場の気配を敏感に察知した。衣装を着替えた後、私にこう聞いてきた。

「なんかあった〜？」

「地下鉄で毒ガスが」

「……。毒ガス？」

「おそらくオウム真理教がやったようです」

たけしは、衣装室の白い壁を見ながら、感情の窺えない表情でたばこをくわえていた。目だけがやたら神経質に動いていたと記憶している。

「スタッフが３人ほど、まだ来てないんです」

私がそう告げると、たけしはうつむき、無言で自らの頭を撫で始めた。そうこうしていると、フロアディレクターがドアを叩いた。

「たけしさん、本番です」

こんな最悪の事態でも、スタジオに入った200人の客の前に出て、笑わせなければならない。芸人とは、過酷な商売だとつくづく思った。もちろん客は全員、地下鉄サリン事件が発生したことを知っている。

1本目の本番が終わった後、大混乱の地下鉄駅から無事、日テレに歩いてやって来たスタッフが2人いた。

もう1人のスタッフは、2本目の本番の収録が終わった夕方頃、ようやくやってきた。一時、救急車で付近の聖路加病院に搬送されていたという。ビートたけしと一番近しい衣装担当スタッフだった。幸い無事だったようで、医師の許可を得て病院からスタジオに駆けつけたのだ。

私はそのスタッフに「たけしさんに顔を見せてあげろよ」と伝えた。

たけしは、ちょうど迎えの車に乗るところであった。恥ずかしそうにスタッフが近づくと、たけしも彼に気が付いた。

ビートたけしは、声を上げるわけでもなく、彼の顔を見てニヤリと笑った。そして、車に乗り込んだ。

後日、たけしの付き人兼運転手に聞いたところ、たけしは「本番中でもいつでも、彼が着いたら手で合図をして知らせてくれ」と言っていたらしい。

こんなことも思い出す。1999年8月25日、ビートたけし最愛の母・北野さきさんの葬儀が都内の寺で営まれた。

メディア関係者、芸能界・映画関係者が大勢駆け付け、参列者の長い列ができた。私もその列に並ぶひとりだった。ずいぶん待って、ようやくご焼香の順番となったときのことである。

親族席を見やると、2人の兄の横にビートたけしがいた。「あれほどの大物も、末っ子なんだなあ」と内心思った。

私は親族一同にお辞儀をした。たけしはこちらに気づいたようで、大勢の弔問客がいるなか突然こちらを振り向いて、私の目を真っ直ぐ見て深々と頭を下げた。これほどしっかりと目を合わせたのも、深々とお辞儀をされたのも初めてだ。普段、存在すら認識されていないかと諦めていたのに、この人はこんなときに最大限の礼をもって私を迎えてくれた。

その後、いくつもの仕事をしてきたが、ここまで真っ直ぐ見つめられたことも、深く頭を下げられたこともない。しかしあの時の気持ちが思い出されて、また彼と仕事をしたくなる。

まさにビートたけしの「人たらし」の真骨頂だ。こんな人だからみんな、またビートたけしと仕事がしたくなるのだろう。本当に不思議な人だ。

第2章
たけし・所と『世界まる見え』で大逆襲

土屋P『電波少年』前夜の不遇

ここまで、私が目撃した2人の天才、明石家さんま、ビートたけしの数々の逸話を紹介してきた。このあたりで、もう一度、若き日の私が味わった「日本テレビ弱小時代」の話を記すことをお許しいただきたい。

冒頭でも触れたが、当時は「楽しくなければテレビじゃない」のフジテレビが圧倒的に強かった時代。一方、今でこそ民放最強と讃えられる日テレだが、当時は万年3位に甘んじていた。

明石家さんま争奪戦に始まる私と日テレの「対フジテレビ戦争」は、決して順風満帆であったわけではない。むしろしばらくは、日テレサイドにとって悲惨な「死屍累々」の戦いであった。

たとえば、私の先輩である土屋敏男も苦しい日々が続いていた。

『進め!電波少年』でブレイクする前の土屋は、『元気が出るテレビ!!』での研鑽の日々をうまく番組作りに活かすことができないでいた。

編成部の指示も大きかったのだろうが、土屋は決してやってはならない番組を作った。いわゆる「パクリ番組」だ。ビートたけしが考案したＴＢＳの超人気番組『風雲！たけし城』を、まるごと拝借したのだ。

説明不要かもしれないが、『たけし城』は、素人参加者がセットに作られた難関ゲームを次々に突破し、最後は城主のたけしに挑むという伝説のバラエティである。現在も世界各国に輸出され、大人気コンテンツであり続けている。それを丸パクリしたのだ。

忘れもしない、その番組の名は『ガムシャラ十勇士!!』（87年）。山田邦子をＭＣに、日本全国の名所名跡を舞台に「たけし城」バリのセットを設営するのである。日本各地に大型トラックで巨大セットを運ぶので、予算はアッという間になくなってしまう。けが人が出たりと次々とトラブルに見舞われ、視聴率は忘れもしない驚異の「１・８％」。日テレ史上屈指のディザスター（大災害）番組であった。

翌88年には2つの番組を作るがいずれも失敗に終わる。

当時の大阪で若者たちに絶大な人気を誇っていたダウンタウンを捕まえてくることに成功した土屋だが、やっと実現した番組は大コケ。日曜正午からの『恋々!!ときめき倶楽部』という恋愛をテーマにしたバラエティだったが、あっという間に失速した。「恋愛と土屋」——ワイルドな作風を得意とし、女の子に大して興味があるとも思えない土屋にとって、こんなに相性の悪い組み合わせはない。

また、大御所コメディアン・萩本欽一を招き、平日の夕方、月〜金帯で『欽きらリン530!!』を始める。これも短命だった。


しかし、萩本欽一との出会いが土屋に大きな変革をもたらした。ここで土屋は、萩本本人から「笑いの演出のイロハ」を基礎から徹底的に叩き込まれた。つまり、「狂気の演出」テリー伊藤のDNAと「理論派演出家」萩本欽一のDNAが土屋敏男の中に注入されたのだ。

私は「萩本欽一式笑い」と「テリー伊藤式笑い」が「視聴率1・8%の屈辱」と混ざり

合い、後の『電波少年』と『ウッチャンナンチャンのウリナリ!!』での爆発に繫がったと思っている。

しかも『電波少年』のMCは松村邦洋と松本明子という、当時決して大スターと呼べない2人だった。このキャストで『電波少年』が始まると聞いた時、私はまったく「ヒットの香り」を感じなかったが、見事に時代を捉えた手腕は見事だった。

海外ロケで「テレビの地獄」を味わう

私は私で、もがき苦しんでいた。「若気の至り」というか、生意気だった若い頃の性格も邪魔をしていた。

上司や同僚を「イケてない」と判断すると、徹底的に逆らい、反論し、見下した。時には無視することもあった。あの頃の私は、人を上手に動かす方法や、上手な嘘のつき方を全く理解していなかった。「誰彼かまわず感情的に拳を振りかざし、戦に負ける」という愚かな行為を繰り返していたのである。

挙句の果てに、こんなトラブルを起こしてしまった。大御所の総合演出と有名タレント

との意見の食い違いに巻き込まれ、その間に入って調整をしているうちに、そのタレントに、

「お前がしっかりしてないからこんなことになったんだろ！」

と、危うく殴られそうになった。

私は殴られてはたまらないと咄嗟に楽屋を脱出した。その刹那、よせばいいのに、

「そんなこと言いやがるんだったらこっちからやめてやる！」

と捨て台詞を残してしまったのである。

翌日、大手タレント事務所の幹部が頭を下げに来たが、上司は私を閑職へ追いやった。

「大手タレント事務所へのしめし」と説明されたものの、私は憤慨の極みだった。しかしこの噂はアッと言う間に局内に広がり、尾ひれはひれがついた。

いつのまにか、「吉川が人気タレントＡと殴り合いのケンカをした」という話に改変されてしまっていた。

「それでこそテレビ屋だ。よくやった」と励ましてくれる先輩もいたが、誰かが助けてく

れるわけではない。回ってくるのは「誰でもやれる仕事」ばかりになった。

当時は温泉ブームで、私はある番組の「名旅館・名女将」というコーナーのディレクターを1年以上担当した。日本中の温泉と有名旅館に詳しくなったし、丁寧に作り込んだが、とてもメインストリームとは呼べない仕事だった。フジテレビの快進撃と、同世代テレビマンの活躍を横目で見ながら、

「オレはこんなことをやっていてどうするんだ？」

と焦燥感は募るばかりであった。

「捨て台詞事件」のほとぼりが冷めようとする頃、違う番組への異動があった。不沈空母・フジテレビの伝説的名クイズ番組『なるほど！ザ・ワールド』の完全パクリ番組のロケディレクターだった。

1年に12か国以上、旅をした。台湾、フィリピン、アメリカ、トンガ王国、ハイチ、トリニダード・トバゴ、オーストラリア、ニュージーランド、ペルー、タイ、マレーシア、南アフリカ、コンゴ……。

あとから考えると、これが私のターニングポイントとなった。もし「テレビマンとして一番鍛えられた体験は？」と問われたら、私はこのときの海外ロケ体験だと即答するだろう。

確かに「大御所タレント相手のピリピリする現場」だったり「早朝から深夜まで続くスタジオコントの収録」なども、十分にテレビマンとしての「修業」になる。しかし、ロケ、特に海外ロケで必要とされる技量と胆力は段違いだ。ディレクター、プロデューサーにとって若いうちに経験しておくべき必須課目ではないかと思う。

その番組は悲しいほど予算がなかった。ＡＤも同行しない。通訳、コーディネーターもいないという修羅場も多々あった。その場合、私はカタコト英語でコーディネーター、ドライバーを現地で調達し、クイズの素材を撮影しなければならない。

当時は、当然ながらインターネットがない時代である。事前に日本で本や雑誌、あるいは現地に行った人の話、在日大使館などの情報をもとに調べてから行くのだが、これらの半分ほどが誤った情報だったり、または完全なデマだったりすることもしばしばだった。

仕方なく現地で独自ネタを探す。カット割りもその場で考えるわけだ。
「面白いものを探し出す。そして、それをどうすれば魅力的にできるかを瞬時に考える」
――海外ロケには「テレビ屋」の基本が詰まっているのである。

あるときは灼熱のジャングルで、あるときは極寒の山岳地帯で、危険たっぷりのアフリカの都市で。頭をフルに働かせつつ、一方で自分が「隊長」だからどんな事態にもクルーの前で冷静を装いつつ動く。リポーター、カメラマン、ビデオ・エンジニアなどスタッフの晩飯のアレンジもする。かつ士気を高めながら「地獄の海外ロケ」を続ける。

そして毎回必ずといっていいほど「信じられないトラブル」が起きる。それにどう対処するかでロケの出来に雲泥の差が出る。

最終ロケが終わって、空港のラウンジでビールで乾杯しても、「ホッと一息」とはならない。帰りの飛行機の中ですべてのカットを思い出し、映像資料を作っておかなければならないからだ。そして、成田に到着してすぐにバンに乗せられ編集所行きとなる。編集には、帰国してから最低4日間は徹夜する必要があった。

極限のハードワークだが、これで鍛えられた。自画自賛のようで恐縮だが、これが私のテレビマンとしての基礎能力を飛躍的に高めたように思う。安全地帯・東京のスタジオでロケに行かず収録番組を担当するスタッフを横目に、私は海外で様々な経験を積むことができた。後に番組の総合演出になってからは、海外ロケに行く前のスタッフと企画を打ち合わせる時、また帰ってきたスタッフの編集チェックをする時に、この経験が断然生きてきた。自分の頭で構築したことをただ撮影するだけなら良いが、テレビ屋は「予期できないことが起こったらどうするか？」を常に考えなければならない。

危険地帯でのロケ。空港で機関銃を構えた複数の兵士に取り囲まれたとき、政府観光局の係官が恐ろしい詐欺師のような男だったとき、衛生状態が最悪でバナナとコーラしか食べられない国での1週間……。

海外では想定外のことが必ず起こる。ただ、撮影困難であった国ほど、日本に帰国したときに確認すると、最高の映像が撮影されていることが多い。

海外取材番組では、「映像は最高だが現場は地獄」というのはごく当たり前のことなのである。

現在、日テレの強さを象徴する番組として挙げられる日曜8時の『世界の果てまでイッテQ！』などはまさにその代表であろう。

お茶の間の視聴者から見れば、楽しい場面、行ってみたい場所の連続かもしれないが、「海外ロケ経験者」の私から見れば、「スタッフはこのロケの後、果たして風呂に入れたのか？」とか「飲み水や食料はどうやって確保したのか？」などと余計な心配がわき出てきて、気軽に楽しめない。

また、ロケ地にたどり着くだけでも一苦労。信じられない悪路を安全性が保証できない乗り物で何日もかけて行くこともある。『イッテQ』はこの移動映像をほとんどカットしている。エンターテイメントは「苦労を見せない」のが基本であることをスタッフは熟知している。

そんな海外ロケという「テレビの最前線」でスキルアップできたことが良かったのかも

しれない。私にもようやく初めての企画通過のチャンスが巡ってきた。

当時、日テレはクイズを軸に難攻不落のフジテレビに一矢報いようとしていた。

後にブレイクするクイズ番組『クイズ世界はSHOWbyショーバイ!!』（小杉善信プロデューサー、五味一男演出）とともに私の企画『クイズ!!体にいいTV』がゴールデンでスタートすることになったのだ。

『クイズ!!体にいいTV』は、現在のテレビ界で花盛りの「健康・医学バラエティ」の元祖ともいえる。だが、滑り出しこそ順調だったものの、この番組の勢いはわずか1年ほどで失速、終了の憂き目となった。

結果はともかく、企画自体は悪くなかったと思っている。発想のきっかけはある中堅出版社の社長と知り合ったことだった。

ある日、銀座のラウンジでその社長が言った。

「いま、出版界は健康・医学雑誌が売れに売れている。そんなテレビ番組作らない？」

翌日、書店の並ぶ神保町でその手の本と雑誌を山ほど買い漁り、3日で企画書を書いた。

企画通過後、島田紳助に出演をお願いした。彼が司会として初めてゴールデンに進出した番組だったと記憶している。

当時、私は29歳、島田紳助は30歳だった。最初の挨拶で、紳助は年長者であるにもかかわらず座敷で正座し、私に向けて頭を下げながらこう表明してくれた。

「よろしくお願いします。命がけでやります」

恐縮したが、紳助のスタジオ回しは完璧だった。

では、敗因は何だったのか？　私は、私を含むスタッフが「健康・医学」というテーマについて映像で十分に解説しきれず、上手にストーリー化できなかったからだと分析している。

健康的にジョギングする男女の姿を撮ったり、香港で高価な漢方薬を撮ったりしても意味はない。視聴者が一番求めている「それがなぜ体に良いのか」というメカニズムをわかりやすく提示できなかった。調査力も、構成力も、解説力も不足していた。だから、どんなネタも視聴者に刺さらない。

視聴率はどんどん降下していった。小さいスタッフルームの全員が暗中模索のうちに疲労困憊していた。

そんなある日、『週刊新潮』にこんな〝スクープ〟が掲載された。「『クイズ!!体にいいテレビ』のスタッフは体を壊している」という趣旨の記事だ。悔しいが、完全に正確な記事だった。私はそれを読み、力なく笑うしかなかった。

初の採用企画が1年で終了——。若い時代、共に苦しんだ日テレの仲間たちが徐々にヒット作を出していくなか、「完全なる敗北」だった。「会社に行きたくない。一日中、家で布団を被って寝ていたい」というのが当時の私の偽らざる心境だった。

救世主「所ジョージ」

だが、そんなハズシまくりの私のテレビ屋人生にも細く長く、そして強く関係を持つことができた人物がいた。「所ジョージ」だ。

私が1982年に入社した翌年の1983年から、実に2017年まで続いている『笑って○○』シリーズの司会者である。

『クイズ笑って許して!!』（１９８３年～86年）、『どちら様も!!笑ってヨロシク』（１９８９年～96年）、そして今も人気の『1億人の大質問!?笑ってコラえて！』（１９９６年～）は、企画を全面リニューアルしながら超長寿番組として続いてきた。私は幸運にも、それら全てに関わってきた。もしも、この「関わり」がなければ、しばらくヒットに恵まれなかった私はいつ番組制作部門から外されても不思議ではない状態だった。

思えば最初の『クイズ笑って許して!!』は、「毒の塊」のような恐ろしい番組だった。

この番組は、街頭インタビューのＶＴＲを見ながら、誰がゲストに来ているのかを当てるというシンプルなクイズ企画だ。

「ああアレか」とイメージできる人も多いだろう。このクイズは、『元祖どっきりカメラ』を生んだ日テレの隠れた天才、広田光生の発明である。タレント、俳優、アイドル、芸人、文化人を問わず、これほどゲストを「冷酷な客観評価」の恐怖に晒す企画はない。

「髪型が変。ひょっとして何か乗っけてる？」

「女好きが滲み出てる。愛人２人はいそう」

「性格の悪さが顔に表れてる。陰で後輩とかイジメてそう」


こんな猛毒素人インタビューを、ゲストはスタジオで受けとめる。笑顔で済ませてくれるならホッと一息。ＶＴＲが進むにつれて、顔が土気色になっていく大物スポーツ選手もいたし、本番中は堪えていたが収録が終わった後、号泣して控室から出て来ない女優さんなどもいた。まさにトラブル発生装置のような番組だった。

今で言えば、２ちゃんねるなどネット上での誹謗中傷に近いコメントを、本人に直接ぶつけていたようなものだ。もちろん、一方的で反論なんかできない構造だ。


ある日のゲストは人気絶頂のタモリだった。こちらの再三のオファーに応じ、やっとのことで来てくれたのだ。

そしてこのオープニングクイズ。ＶＴＲに登場したのは白髪交じりの上品な婦人だった。世田谷区の高級住宅街にでも住んでいそうな雰囲気。買い物帰りと思しきその女性は、タモリの印象について問われ、こう答えた。

「ウーン、私、とても気持ち悪い感じがするの。なにかねっとりした感じの気味悪さなの……だから嫌いなの」

器の大きいタモリは大爆笑していた。しかし、この「嫌い」という言葉は、好感度を重視する多くのタレント・有名人には死刑宣告にも等しい言葉である。

この猛毒番組をどうにか軌道修正し、ギリギリ「バラエティ番組」にしていたのが、毒消し役の所ジョージだった。危なっかしいコメントや、一触即発のスタジオ展開から何度救われたかわからない。

日テレの超危険番組といわれれば、誰もが『お笑いウルトラクイズ』や『元気が出るテレビ』『電波少年』などと答えるだろう。しかし、制作サイドからしてみれば、『クイズ笑って許して!!』こそ最大の危険番組だった。そう思わせないのは、すべて所ジョージの手腕といっても過言ではない。

この『クイズ笑って許して!!』史上最大のトラブルが「横山やすし事件」である。説明不要だろうが、横山やすしは伝説の天才漫才師である。優しい繊細な人だったが、酒が入ると手がつけられなくなる。彼は同番組のメイン回答者であった。

私は『クイズ笑って許して!!』で、「やすし番」として働いていた。デリケートに扱わなければならないが、本番になると抜群に面白い。

私は駐車場の入り口で横山やすしの入りを毎回待った。車から出てくる瞬間、機嫌が良いか悪いかでその後の全てが決まる。ポッと顔を赤くして来たときは上機嫌のしるし。スタジオでの大活躍は約束されたようなものだ。

ただし、機嫌が悪いときは最悪だ。楽屋で筆者が番組内容を説明していると、グリーンのスリッパで頭をパーンとはたかれる。

「ごちゃごちゃうるさいんやー。お前〜」

ある日、最悪のことが起こった。スペシャルゲストは当時、東京進出を果たしたばかりの笑福亭鶴瓶だった。衝立の向こうにいるので回答者は誰が来ているかわからない。鶴瓶を回答者より先に見た観客は大喜びで歓声をあげる。回答者たちは街頭インタビューのV

ＴＲを見ながら早押しボタンを押して行く。なかなか当たらないが、やがてある回答者が当てた。

目隠しの衝立が開いて鶴瓶が現れる。しかしその後、背筋の凍る出来事が起こる。横山やすしが、声の限りにこう叫んだのだ。

「鶴瓶！　おのれ東京に何しに来たんじゃ!!　今すぐ大阪に帰れー！」

スタジオは震撼した。それまで２人の仲が悪かったという話は全く出ていないし、何が気に入らなかったのかはわからない。その日の横山やすしの機嫌が悪かったからとしか言いようがない。

これがオープニングコーナーだから、悪夢のような収録はまだまだ続いた。その後もやすしはクイズの進行に関係なくしばらく笑福亭鶴瓶にイチャモンをつけ絡み続けている。あんな冷や冷やした収録は初めてだった。

途中の休憩時間、所ジョージとトイレですれ違った。こんなヒリヒリする現場にもかかわらず、所は落ち着いていた。よく見れば少し上気して顔が赤くなっているような気もしたが、リラックスした雰囲気も感じられる。よくこの現場で……。さすが腹が据わっている。

どうにかこうにか収録は終わった。私は横山やすしをタクシーまで誘導する。どれほどの暴言をぶつけられるか、内心ヒヤヒヤしていた。しかし、やすしの顔を見て驚いた。信じられないことに、鼻歌まで歌う上機嫌なのである。

「ほなな〜」

横山やすしはそう言って、何事もなかったように帰っていった。スタッフは長時間編集作業をして、壊れた壺のようなあの回をどうにか放送に漕ぎつけた。

そのふわふわとしたやすしの雰囲気は、まるで所ジョージの空気感が伝播したかのようであった。おそらく、所はやすしに何か特別な言葉掛けをしたわけではないだろう。しかし司会者として、最終的にはあの猛獣のような横山やすしを手なずけ、落ち着かせていた。テクニックでは語れない、特別な「毒消し」「調整役」としての天性を所ジョージは持っていたのである。

私にとって、所ジョージはたけし、さんまよりもっと長い付き合いだ。彼ほど「テレビ的」な存在を私は知らない。これまで世間ではあまり語られてこなかった「テレビ屋・所ジョージ論」を披露したい。

所ジョージは「普通の人」なのか?

もし「たけし・さんまと比べて所ジョージには強烈な個性がない」と認識している方がいたとしたら、それは大きな間違いである。33年にわたる付き合いから、「所ジョージは普通ではない」と私は確信をもって言える。

まずはこんな例から紹介したい。これは、私が「ただの一視聴者」として感じたことである。

2年ほど前、SMAP・中居正広が司会の『ナカイの窓』(日本テレビ)のスペシャルに、珍しいことに所ジョージがゲスト出演していた。司会でない所ジョージを見るのは、最近ではなかなか珍しい。

軽い気持ちでダラダラと見始めたのだが、そのうちにグイグイ引き付けられてしまった。所ジョージは、ヒロミ、田村淳（ロンドンブーツ1号2号）、田中裕二（爆笑問題）など、並みいる「お笑い強者」に囲まれつつ、自然体ながら大きな存在感を示していた。

その番組での所ジョージの言葉は、端的に「所ジョージらしさ」を示すものだった。まず所ジョージは「僕はカンペーを絶対に見ない」と言い放った。テレビ収録には「カンペー（カンニングペーパーの略）」というものがあり、たいていの場合、出演者が語るべき言葉を大きな文字で書いて、カメラ横で秘かに見せている。

しかし所は絶対にこれを見ないという。周りのタレントがみな「何で？　何で？」と聞く。すると所は、こんな風に答えたのだ。

「テレビでは、いつも茶の間（視聴者）のことを考えている。カンペーを読むと、見てる人が『あ、読んでる』って思うでしょ。その瞬間、きっと何か大事なものが失われると思うんだよね」

所ジョージの司会としての姿勢は、一見すると「いい加減」で「気楽」なものと感じられる。所ジョージと私の30年にわたる仕事の履歴を振り返ってもそういう印象である。

しかしそれは、所ジョージがあえてそう振る舞っている部分も大きいのではないかと考える。

たとえば所ジョージは、どんな感動的なVTRでも決して涙を流さない。少なくとも筆者は、一度も見たことがない。

これは、所ジョージが冷たいとか、そういう話ではない。VTRが終わってスタジオが司会者、ゲストも含めて涙の嵐になってしまうと、まず番組の品格がなくなる。さらに言えば「自作自演な感じ」がみなぎってしまう。すると視聴者は置いてけぼりを食らい、冷めてしまう。「勝手にやってろよ」と思ってしまう可能性大だ。

ゲストのひとりがハンカチを少し使うくらいでちょうど良い。感動するのは、本来、「お茶の間」「視聴者」であるべきだ。

バラエティ番組では、重厚な内容から、笑いや涙ありの内容まで、硬軟問わず様々な話題が展開される。しかし、「戻るべき番組の基準点」があるから、色々な方向に逸脱できるのである。それを所ジョージは本質的に理解しているのだ。私はそう考えている。

所ジョージは、テレビ局に来て、いつもの和室の楽屋に入ってくるとデーンと寝ころんで台本を1回だけ読む。所はこれで番組の内容がすべて頭に入ってしまうという。にわかには信じがたい記憶力だが、司会進行上の間違いは滅多に起こらないという厳然たる事実がある。

ゲストについてもいつのまにか必要最低限の情報は知っている。かつてゲストで来たときの会話も全て記憶しているので、前回聞いた話を再び所が聞くこともない。

そして、先に紹介した『ナカイの窓』で強い印象を残した、もう一つの所ジョージの言葉がこれだ。

「意識しているとすれば茶の間。茶の間の人がどうやって楽しんでいたり、どんな心持ちで見ているか——を必ず意識している」

この言葉、言う人によってはイヤミに聞こえるかもしれない。しかし所ジョージはサラッと自然体で言う。所ジョージは番組において、いろんな発言や行動をするが、それはすべて「お茶の間」「視聴者」に対してどういう効果・影響があるかを客観視してのものである。

芸能界一の「自己客観能力」と「褒め上手」

所には、徹底した自己客観能力に加え、もうひとつの圧倒的才能がある。芸能界屈指、いやナンバーワンの「褒め上手」であることだ。

決して、歯の浮くようなおべんちゃらは言わない。サラリとした短い一言で、相手を気持ち良くさせる。しかも、その対象は出演者やゲストだけではない。スタッフ、ADに対してもそうなのだ。

たとえば、我々がロケなどで様々な困難やトラブルを乗り越え、やっと収録本番の日を迎えたとする。所の楽屋に挨拶に行くと、開口一番、台本片手に「面白いね〜」などと言って、スタッフを和ませてくれるのだ。万事その調子だから、スタッフも気持ち良く仕事ができるし、ゲストも上機嫌で帰っていく。当然、スタジオの雰囲気も良い。

私があえて言うまでもないだろうが、所ジョージは非常に才気あふれる人である。人が思いつかないようなセンスの発言をすることが多い。しかし驚くべきは、いくら突飛な言葉に感じられても、「オンエアで使えない」ということがほとんどないのである。後で編集の時にスタッフが精査しても、そのままお茶の間に流せることしか言っていないのだ。視聴者の気持ちがほぐれるようなことや「なるほど」と思える言葉ばかりなのだ。

所ジョージは、私にこうも話したことがある。

「番組収録では、テープをダラダラ長く回してはいけない。自分の番組は、たとえ収録であってもできるだけ生放送のように『編集なしの完パケ』で撮りたい。長く撮っても全く意味がない」

「ひな壇に目一杯の数のタレントや芸人を入れている番組はやりたくない。ゲストは少人数で一人一人の持ち味を生かせるようにしたい」

ゲストを山ほど仕込み、ダラダラと考えもなく長回しをする。最近のテレビ屋に多い傾向に、所は釘を刺している。これは、作り手側からすれば万が一のための「保険」である。後で収録をするときに、なるべく選択肢を残しておきたいからこそ、多めにタレントを入れ、多めに収録する。しかし、それは現場での空気感を軽視し、結果的にバラエティ番組としての純度を下げることに繋がっている。所はそう指摘しているのだ。実に耳の痛い話である。

所ジョージを愛した黒澤明

こんな所の能力は、世界的な大物たちも虜にする。

所ジョージが、故・黒澤明監督の遺作『まあだだよ』（93年）に出演した時の話である。

これは、所本人やその周辺のスタッフから聞いた話を要約したものである。

所は、黒澤映画出演となっても気負うことなく、バラエティ番組の時と同じようにフラ～ッと映画撮影所に現れた。

黒澤監督ほか、出演者やスタッフに丁寧に挨拶した後、リハ本番となる。ベテラン役者のほとんどが巨匠・黒澤に大声で散々ダメ出しをされる中、所にだけ監督からの指摘・注意はほとんどなかった。所は演技を楽しんでいる様子でハツラツとしていたという。

黒澤監督は所を出番以外のときも呼び、傍らに置いてリラックスした様子で映画の話などをしていたらしい。

「所くん、知ってますか？　冬のシーンは夏、夏のシーンは冬撮らないとダメなんだよ」

「え、どうしてなんですか？」

「本当にその季節に撮るとスタッフが冬や夏の画面を作るためにがんばらなくなってしまうんだよ」

「なるほど～」

……といったように。

さらに黒澤は、所ジョージを親しいスタッフとお気に入りのラーメン屋さんに連れて行った。

「所くんのテレビはいつも見てるけど面白いね〜」

などとご機嫌だったそうだ。場を盛り上げるのがうまい所ジョージは、近寄りがたい「世界の黒澤」をも和ませたようだ。

この話には続きがある。所ジョージ本人も知らない話である。

つい先日、私がある海外の映画祭を訪れた時、『乱』（85年）から『まあだだよ』（93年）までの黒澤明の晩年の作品で、側近を務めた人物と食事をする機会があった。

元側近は、先のエピソードを披露した私に対し、少し微笑みながらこう話した。

「なるほど。所さんはあの映画にピッタリだったし、何より名演でした」

そして彼は、ビールを一口ゴクリと飲んでこう続けた。

「……でもね、吉川さん。黒澤さん、あの時は本当は所さんにかなり気を遣っていてね。夜2人だけで私とウィスキーを飲んでいるときに黒澤さんはこう言うんです。『この作品では気持ち良く、天衣無縫に所くんに演じてほしかった。あの作品には所くんの〝味〟が必要不可欠だった。だから、あの忙しいスケジュールを縫ってやって来てくれた彼にはできるだけ気持ち良く演じてほしかったんだよ。だから他の役者には厳しく接しても、所くんには何も言わなかった。……所くんも自分の役割を察して、飄々とした味を出してくれた。本当に素晴らしい仕事だった』」

もちろん、所が自宅で入念に台本を読み、演技プランを練って『まあだだよ』と黒澤明に臨んだことを私は知っている。だからこそ味わい深い話だ。このエピソード、「表現という世界」の奥深さを感じる。

1998年9月6日、黒澤明が亡くなった日だ。夕方のニュースで、近所に住んでいた所ジョージが、ジーパンとポロシャツのまま黒澤宅に駆け付けた様子が映し出された。冠婚葬祭には決して行かないと宣言している所の意外な姿だった。

「黒澤さん、手がまだ温かかったんだよね」

後日、所ジョージは遠くを見るように筆者に静かに語った。

宮崎駿、大江健三郎も魅了された

所ジョージを抜擢した巨匠は黒澤だけではない。所はピクサーの『トイストーリー』（95年）の主役の一人、バズ・ライトイヤーの声の出演の後、宮崎駿監督にも抜擢され、『崖の上のポニョ』（08年）でポニョの父であるフジモトを演じている。世界の宮崎監督も所ジョージの仕事に大満足だったと伝え聞く。

また、ノーベル文学賞受賞作家・大江健三郎が、街を歩く所ジョージを見つけ挨拶を交わし、後に手紙を交換したという。大江は大の所ファンであったらしい。

「こないだ大江健三郎さんと友達になっちゃった」

と、所本人から聞いたときには驚いた。

まさに「巨匠殺し」「大物芸人殺し」である。今では伝説となっている黒澤明と北野武によるテレビ対談も、黒澤明が北野作品を褒めているのを、所が北野本人に伝え、実現したと聞いている。黒澤明と北野武を結び付けてしまった男、所ジョージは誠に不思議な人物である。


なぜ、みな「所ジョージ」に魅了されてしまうのか。その答えを私は一言で表現することができない。

所ジョージは、意外なことに銀行員の息子として生まれた。拓殖大学中退で、失礼ながら物凄く勉学に勤しんでいたということもないだろう。元々はミュージシャンだから、大師匠に笑いや所作など「芸の道」を教わったわけでもない。だが、物事を様々な角度から見て、瞬時に予想のできない言葉を繰り出す。当代一流の脳みそを持っているのは明らかだろう。

また、所は本を乱読するタイプではないが、時に哲学者や高僧ではないかと思うようなことを言う。

「人間は頭がいいから、明日のこととか、来年のことを考えちゃうでしょ。そうじゃなくて、もうちょっとバカになって、今日のことしか考えられないと、幸せになりやすいのにね」

所がよく話す言葉だ。

所ジョージは、自動車、模型、庭いじりや農業といった趣味、ファッションへのこだわりなどに代表されるように、自身を「遊びの天才」としてブランド化してしまった。所の真似をするタレントも大勢現れたが、芸能界を見渡しても彼ほど憧れの眼差しを向けられる存在はいない。本人が一番楽しんでいるから嫌みがないのだ。

テレビ局へは自分で車を運転して行き帰り。酒は飲まない愛妻家だ。奥さんは極上の料理人なので、所ジョージは外食を滅多にしない。私も30年近く長く濃密な仕事をしてきたが、一緒に外食をしたのは数えるほどだ。

ある日、ほとんどゴールデンタイムの番組にしか出ない所ジョージが、昼間の番組に出演してくれたことがある。

総勢10名ほどのスタッフ、キャストが、所の仕事場兼アジトである「世田谷ベース」に集まり、ロケをした。所の奥さんが、自ら握った玄米ごはんの美味しいおにぎりを用意してくれた。

番組ゲストの武田真治と宮川大輔は、初めての世田谷ベース訪問で、おそらく所との共演も初めてだった。そんな2人が、所夫妻の気配りに感激している。

都心への帰り道、2人はロケバスの中で「所さんはすごい」と噛み締めるように呟いていたと記憶している。テレビ画面ではこれ以上なくお気軽にやっているように見えるが、実際に会うと「所さんはすごい」と言う人はかなり多い。

林家正蔵へのプレゼント

これは伝聞ではあるが、こんな所の人間性を表すエピソードもある。

落語家・林家正蔵が真打襲名披露の時に「渡したい物がある」と所ジョージに言われ、世田谷ベースに駆け付けた。すると正蔵は手のひらに収まる大きさの桐の箱を渡された。開けて見ると、林家の家紋である花菱が刻まれた刀の鍔が入っている。

しかもその鍔は銀色のラッカーで塗装されていた。

正蔵が後に古美術商に見せると、その鍔は、元は100万円以上の価値があるという。しかし、所ジョージが銀色に塗装したことで価値がゼロになっていたそうである。

所ジョージはなぜそんなことをしたのか。ふと桐の箱のふたの裏を見ると、こう書いてあった。

「伝統は壊さなければ意味がない」

これを見た時、正蔵は軽い眩暈がしたそうである。

正蔵は「落語は伝統芸、積むことが大事だと考えていた。積んで、潰され、また積む、の繰り返し。そうして芸を磨くものだ」と思っていた。所ジョージはそういったことはぜ

んぶお見通しで、

「真打に昇進したお前（正蔵）は、積むことはできている。あとは少し壊してもいいんじゃない。そうすればもっと光り輝くよ」

とでも言いたかったのか。

私も目撃しているが、正蔵はテレビに出始めた頃から、品とバランス感覚を併せ持つ所ジョージを尊敬して、楽屋にしょっちゅう来ていた。

所ジョージは自分から特定のタレントに近づくことはないが、自分を慕い、何かを吸収したいと礼儀を守って近づいて来る後輩にはとても優しい。

一方で、所ジョージは究極の頑固者でもある。

日本テレビでは、「千代田区麹町のスタジオが大好き」ということで、汐留の32階建ての日テレタワーの本社スタジオには絶対に来ない。

理由は色々あるが、主には「自宅からスタジオに来るときの高速道路の動線が悪いから」ということになっている。高層ビルが苦手なのかもしれない。ついでに言えば「レインボーブリッジを渡るのが面倒だから」と言ってフジテレビにも滅多にいかない。

ＮＨＫとＴＢＳには行く。東京郊外・よみうりランド近くの日テレの生田スタジオは自宅の世田谷から近いので大好き。

ある意味、気難しい所ジョージだが、ツボを押さえるとこんなに仕事をしやすいタレントはいない。番組も想像以上の仕上がりになるし、無駄がない。

日本テレビでは『世界まる見え！テレビ特捜部』『笑ってコラえて！』『所さんの目がテン！』と、20年以上続く番組の司会を続ける所ジョージだが、他局の番組も含めて感じるのは、お茶の間への「ほどよい浸食ぶり」である。所はお茶の間にスーッと入ってきて、一方で、その存在を強く意識させる。

それは所ジョージのこだわりと、哲学と、ある種の頑固さが入り混じっているからこそ為せる業であるような気がしている。

ビートたけし、明石家さんま、所ジョージはそれぞれ「独自の哲学」を持ち「自分の美意識を磨き」ながら「毎日新しく自己再生」して「自らをプロデュース」できる。

あらゆるタレントが日々消費され、消耗され尽くされていくテレビメディアの中で、彼らは摩耗することなく長く生き延びて行く。

「自己発信力のビートたけし」「反射神経の塊である明石家さんま」「空気を作り出す所ジョージ」……それぞれの持ち味はあるが、それぞれを築き上げた3人の個性にはいつも平伏してしまう。

『世界まる見え』スタート

魅力的すぎる所ジョージの話を続けてきたために、それまで語ってきた若き日の私の挫折など読者はお忘れかもしれない。しかし、もう一度私自身の話を振り返らせていただきたい。

これまで、ビートたけし、明石家さんま、所ジョージという3人の「テレビの天才」の魅力を伝えてきたのは、テレビ屋・吉川圭三のその後の逆襲に、彼らの存在が不可欠だったからでもある。

『体にいいTV』を1年で終わらせてしまい、私は失意の底にあった。「次で当てなければば、番組制作の現場から外されてしまうかもしれない」という恐怖が、すぐそこまで押し寄せていた。そこで私が選択したテーマは「世界」だった。

1990年、ようやく私は最初のヒット作『世界まる見え！テレビ特捜部』を立ち上げることになる。

その前年には、ドイツで東西を隔てていたベルリンの壁が崩壊し、中国では若者たちが蜂起する天安門事件が起こっていた。世界はまさに、「変化」の最中にあった。

遠い世界のどこかで起こった変化の余波が、日本にも到達しようとする時代に入っていた。「見たことがない海外の映像への欲求」は頂点に達しているのではないか——と私は考えた。

そう発想した時に思い出されたのが、1984年ごろ、私が非常に楽しみにしていた日本テレビの『ワールドＮＯＷ』という番組である。これは、日テレの報道局が制作していた30分番組で、世界各国を数多く取材し、硬派から軟派まで、ありとあらゆるトピックを扱っていた。たとえば、「香水の生まれるフランスの町」から「カンボジアの地雷だらけの村」などがあったと思う。コンパクトに「世界を知るヒント」が盛り込まれているため、ネタの宝庫で、業界内視聴率も高かった。

「どうにかこれをヒントに番組ができないか？」とまず私は企画を練った。しかしすぐに壁にぶち当たった。『ワールドＮＯＷ』は、30分番組ながら、毎回３か国以上に取材をしていることが見て取れた。報道局のもつネットワークゆえのことだが、だからこそ番組の濃密な情報量とバリエーションが担保できていた。もし、あれ以上のクオリティを維持するとすれば、１時間番組なら毎回「５か国分」の取材が必要だと考えた。

しかし、予算的に全く不可能である。今であれば超小型・高性能ビデオカメラ、それにコンピューターを駆使して安価に取材・編集することが可能になっているが、当時は大掛かりな機材とチーム取材に頼るほかなかった。


いくら番組コンセプトが時代に合致していたとしても、現実的な制作費の予算内でクオリティを維持することができないのであれば、「絵に描いた餅だ」と企画会議で一蹴されて終わりである。

いったいどうすればいいのか。そこで思い出したのが、その頃、私が日曜の午後に家でゴロゴロしている時に目にした他局の番組である。小堺一機司会のパイロット（試作）番組、『世界の「笑える番組」を見てみよう！』……確かそんな感じの題名だったと思う。
欧米のコント番組、バラエティ番組を編集した上で紹介し、それに対しゲストがコメントを言うというスタイルである。ただし、この番組はプロの目から見れば、編集技術と素材となる番組の選定がイマイチだと感じられた。これは今も変わらないが、「欧米の笑い」を理解するのは、日本人にとってハードルが高い。笑いとエロに関しては「和モノ至上主義」の日本人視聴者にはウケの悪いテーマだったように思えた。そのためか、視聴率も今一歩で、レギュラー番組に昇格とはなり得なかった。

しかし私は、この番組のスタイルは非常に使えると考えた。人が手放した場所をもっと深く、丹念に掘ってみると、やり方によっては「宝の山」が埋まっているというのはよくある話だ。何より私は、『クイズ!!体にいいTV』を外し、タレント相手に失態まで犯して後がない。そのためこれを千載一遇のチャンスとみなした。追い詰められた状態でその掘り方を徹底的に考えた。

「毎日膨大な数、世界で作り出され放送されている『世界中の番組』を使えばいい。ロケをするより合理的だし、打ち合わせも台本も会議もいらない。ジャンルは、硬派のドキュメンタリー、コント、動物もの、ホームビデオ、料理番組、秘境紀行番組、報道番組、イリュージョン、音楽番組、天気予報……国籍もジャンルも問わない。この『ジャンルにこだわらない』ということが一番のキモだ。色んなものが入っている『松花堂弁当』が好きな日本人には、テーマを絞った『厚切りステーキ一枚』番組より適した形態だ」

これが私の基本路線となった。

私はすぐに企画書を書いた。そして採用され、スペシャル番組が制作された。

数字はやっとフタ桁。今なら大健闘だが、この時代では微妙な数字だ。放送翌日の私は、ガックリと肩を落として日テレ入りしたが、当時編成にいた土屋敏男が声をかけてきた。

「あれをレギュラー番組にしてほしい」という編成部長の指示を、私に伝えたのである。

今思えば、もともと月曜夜8時に開始予定だった企画が何らかの事情でコケて、『世界まる見え！テレビ特捜部』のレギュラー化しか駒がなかったのであろう。しかし私にとってこれ以上のチャンスはない。キャスティングにもベストを尽くしたかった。

これは私にとって、テレビ屋としての一世一代の大勝負になる。

そうなればキャスティングの選択は「所ジョージ」しかなかった。どんな現場の空気であったとしても、それを「お茶の間」に最も適した温度に変換してくれる。

彼がいてくれるのなら、相手をするのは少しくらいぶっ飛んだ人間がいい。そう考えた私は、フジの『なるほど！ザ・ワールド』でスケールの大きさを見せていた楠田枝里子に司会をお願いした。

そして、ビートたけしである。番組スタートからしばらくして、編成の事情で番組が半年休止した後、ビートたけしも参戦してくれた。

私の目論見は的中した。世界中から集めてきた「何でもあり」の映像は、それぞれ刺激が強いが、よくも悪くもまとまりがない。

それをどうにか一つの番組にまとめあげたのが、この3人である。

『世界まる見え』を一度でもご覧いただいたことのある読者ならイメージできると思うが、

この番組は取り扱うテーマがあまりにも広範である。

トンデモ拳法を扱う中国の老人で爆笑をとったかと思えば、ブラジルの美尻コンテスト番組でお色気と華やかさを出す。すると一転して硬派に触れ、「死の武器商人」をシリアスに扱う。そして最後は「殺人鬼と被害者家族の刑務所での対面」……。こういった構成が、毎週当たり前のように繰り広げられるのだ。これを毎週、一貫したテイストにまとめあげるには、メインMCの強い存在感が必要になる。

今考えても、これ以上のキャスティングはなかったと思う。ビートたけしの劇薬のようでいて、笑えて、かつ知的というコメント能力は他の追随を許さない。考えようによっては「突飛すぎる」とも思えるたけしのコメントは、所ジョージの「番組を空から俯瞰するようなバランス感覚」で繰り出される合いの手でさらに引き立つ。

その一流の芸を、まるで人工知能を搭載したロボットのように強引に展開していくのが楠田枝里子である。彼らが硬軟問わずあらゆるテーマを見事に料理してくれた。

なかでも1000回以上続いた理由は、「たけしの批評性」と「所の番組構成力」が大きい。どんなテーマでもたけしが独自の視点で既成概念を壊し、所が視聴者にわかりやすいところまで復元する。

彼らの天才的な番組進行は、われわれスタッフにも良い意味でのプレッシャーを与えた。趣味人であり、知識人でもある目の肥えた2人は、安易な映像では決して「唸って」はくれない。そのため我々はできるだけ一流のもの、他では簡単に見られない映像を入手することに力を尽くした。結果的に、それは番組のクオリティを大きく押し上げた。

番組を始めてみて私をはじめとするスタッフが驚いたのは、世界中には我々の想像を絶する番組が山ほどあったということだった。

アメリカや英国の番組が高品質で娯楽性にも優れていることは言わずもがなだが、中国、ロシア、北朝鮮、メキシコ、中東、ブラジルといった当時の「テレビ後進国」と言われる国にも見るべきものは多かった。取り扱うテーマも、その切り口も、映像の衝撃度も、すべて我々の想像・固定観念を超えてくるのである。

欧米の番組が『まる見え』のメインディッシュであるとすれば、それらの国の番組は他にマネのできない味を出す「隠し味的スパイス」だった。

手前味噌ではあるが、もし他局が「二匹目のドジョウ」を捕まえようとしても、なかなか難しいだろう。それら「テレビ後進国」の映像を入手するための手段は非常に特殊であり、一朝一夕にマネできるものではなかった。これを可能にしたのは、私が「世界映像マフィア」と呼んで敬愛した柴田紀久氏（故人）の力によるところが大きい。

もちろん条件が折り合わず、泣く泣く諦めた傑作番組も多く、番組スタート時は「ありあわせの貧弱な材料」で番組を作らなければならないこともあった。「その日、港に上がった材料でなんとかする」という日々も初期にはあった。

しかし当時はインターネットがまだまだ普及していない時代である。他局はこの「自前で制作するわけではないから一見して簡単そうだが、実際に作ると死ぬほど面倒な番組」をマネしようなどとは微塵も思わなかったようで、それがラッキーだった。我々は完全な独走状態で、視聴率も急上昇していった。

私は、番組を続けていく中で確信していた。「この番組は長く続いても新鮮であり続けることができる」と。世界中のテレビクリエイターたちが、日々新たな作品を作り続けている。つまり、「汲んでも汲んでも尽きない映像の泉」が、世界中至るところでわき出ているわけだ。つまり、きちんとリサーチし、探し出せば、クオリティを保ちつつ、時代にあったコンテンツを提供し続けられると考えたのだ。

実は、編成やスタッフや放送作家からは、「毎回テーマを絞ってはどうか？」という意見も強硬にあった。つまり「世界の笑える番組特集」「世界のカワイイ動物映像特集」「世界の料理番組特集」「世界の衝撃映像特集」という風に、ジャンル分けしたほうが良いという主張である。

しかし、もしこの助言に従っていたら番組は間違いなく素材不足と番組の単調化で疲弊し、あっという間に『世界まる見え』は崩壊していたであろう。「混沌こそが長寿」と信念を持った。どうせ責任はオレが負うのだからと「聞く耳持たず」でやった。

自画自賛が過ぎると怒られそうだが、番組で取り上げたコンテンツは本当に素晴らしく、狂気に満ちたものばかりだった。だからこそ、映像入手のプロセスではいろんな出来事が起こった。
以下、箇条書きでザッと列挙する。

○中国中央電視台の番組を日本のテレビ局で初めて買い付けた
——北京の電視台本部ではひどい目にあった。テレビ局の心臓部であるマスター（中央制御室）を訪問した際は、常に2丁のライフルを背中に突きつけられていたのである。もし中国でクーデターが起きた場合、革命成功を広く宣言するため、真っ先に狙われる場所だからである。しかしその甲斐あって、「母が息子の頭部で石板を割る——驚異のカンフー一家」「共に餃子を作り愛を確かめ合う夫婦のドラマ」「人民解放軍・恐怖と笑いの軍事訓練」などの珠玉の作品群を入手した。

○英国のＢＢＣ（英国放送協会）で「チェルノブイリ原発・世界初の事故後初潜入映像」や世界最高品質の動物・秘境ドキュメンタリーなどを入手

○イタリアからお色気番組『コルポ・グロッソ』を輸入

——美男美女がクイズで勝負して服を脱ぎ合う人気番組である。番組のレギュラーであるセクシーガール5人に来日してもらい、『世界まる見え』のスタジオで、『コルポ・グロッソ』名物のオッパイ開陳ショーをやってもらった。近頃では地上波で見られなくなったセクシー企画だ。ビートたけしも狂喜していた。

○「朝鮮中央放送」のテレビを極秘ルートで独占入手

——マスゲーム、平壌の街の様子、朝鮮の歌舞音曲、朝鮮のグルメ番組を日本で初めて公開した。入手経路やゲストの発言を巡って東京・飯田橋にある朝鮮総連から何度か呼び出しを受けた。

○アメリカのカルト教団の内部映像

——放送したら、東京で行われたその宗教の集会に呼びだされ吊し上げを食った。

○フランスの一流映画チームが1年の撮影で完成させたアジアのジャングル奥地のハニーハンター（蜂蜜獲り）の映像

——秘境に山ほどの撮影機材を持ち込んだ映画並みのクオリティの25分ほどの作品。粘りに粘って競り落とした。ビートたけしが珍しく絶賛してくれた。

○「早朝バズーカ」をオーストラリアに輸出

——高田純次をオーストラリアの人気番組に派遣し、現地で『元気が出るテレビ』の「早朝バズーカ」をやってもらった。オーストラリア全土が騒然となった。その様子を『世界まる見え』で放送。高田純次はオーストラリアで一番有名な日本人になった。

○アフリカの「巨大アリ塚」を2年撮影した「アリ塚の四季」

——これには司会者・出演者全員が唸った。そびえ立つアリ塚の内部に特殊カメラを入れ、「働きアリVS軍隊アリ」や「巨大な女王アリ」を見せた。

○米エミー賞最優秀短編賞「Son's gift」（息子の贈り物）
——白血病になり余命宣告された働き盛りのアメリカ人中年男性。適合する脊髄液を骨髄バンクや親類などでくまなく探すが、小学校2年の息子が適合していることがわかる。

「いいよ、パパに生きていてほしいから」

辛く激痛を伴う脊髄液の採取が幼い息子に行われる。抱き合って涙する親子。最後、退院のシーンで、カメラは親子の歩く後ろ姿を写し出す……。

15分の映像は、ノーカットでスタジオに流された。あのビートたけしが「やばいね、一番弱いの出されちゃったよ」とつぶやく。多くはいらない、このコメントだけで十分だった。

「ドタキャン」防止策が看板に

これらの素材を世界から集める原動力となったもの。それは「ビートたけしを決して飽きさせない」という思いだった。我々には、「ビートたけしを毎回スタジオに呼び寄せなければならない」という大きな課題があったのである。

当時のビートたけしは、ドタキャンの常習犯として有名だった。あの『オレたちひょうきん族』でも、気が向かないとスタジオに来ないという話は伝わって来ていた。

そこで我々は一計を案じたのである。

「ビートたけし・ヘンテコ衣装作戦」だ。

今では、ビートたけしは出演する各番組で「着ぐるみ」「ヘンテコ衣装」をやっているが、『世界まる見え』はその走りだった。我々はビートたけしの登場衣装を徹底的に考えた。これを餌にビートたけしを麹町の日テレのスタジオに毎回呼び寄せようという浅はかなプランだった。

しかしこれが意外にも功奏し、たけしは皆勤賞だった。ステージ横のカメラ倉庫には奇妙奇天烈な衣装の数々。10点近くは用意した。当時、我々は一点の衣装だけを用意して、ビートたけしに「これを着てくれ」ということはとてもできなかった。それほどの大物だった。

ビートたけしは、スタジオに姿を現すやいなや、衣装の置いてあるカメラ倉庫にやってくる。ジロジロとゆっくり衣装を物色する姿は、まるで野生動物のようでもある。たいてい、2～3分考え、「これだな」と決める。中には1点150万円以上の衣装もある。衣装というより「ほとんどセット」に近い巨大なモノもある。選ばれればよいが、悲しいかなボツになることもある。

大げさではなく、たけしの衣装だけで我々は年間数千万円も使っていたのだ。

そう、あの「明石家さんま800万円セット撤去指令」から5年ほどで、日テレ、そして私は「無駄」に投資できるようになっていたのだ。日テレは確実に変わりつつあった。

面白いものを作るためには、手間、暇、金、知恵をつぎ込まなければならない。そのシンプルな哲学を、私は今でも大事に信じている。

こんな話がある。

後に、たけしが『世界まる見え』で着た歴代の衣装を3分ほどのダイジェスト版にして、アマゾンの秘境に住む酋長に見せるという企画があった。

すると、極彩色の民族衣装を身に纏《まと》ったその酋長は、「これは相当、位の高い人だ。こんな豪華な衣装は見たことがない」と驚嘆した。スタジオでそのＶＴＲを見たたけしは腹を抱えて笑っていた。

また２０１４年、フランス・パリのカルティエ財団現代美術館で、たけしのアート作品を展示する「ビートたけし／北野武　絵描き小僧展」が行われた。我々『世界まる見え』のスタッフは、たけし本人の要望を受けて、５分間の「たけし扮装ダイジェスト映像」を提供した。

世界的映画監督としてフランスで尊敬されている「タケシ・キタノ」だが、パリジャンが「芸人・ビートたけし」を見ることはほとんどない。インテリ層ばかりの現地のフランス人たちがその姿にあ然としていたと、パリから帰国したたけし本人が満足そうに語っていた。

このヘンテコ衣装は、我々スタッフとたけしの信頼関係をつなぐ礎となっている気がする。92年にたけしがバイク事故を起こしたことはすでに述べたが、たけしが番組を休んでいる間、金谷勲夫・チーフプロデューサーと私で話し合って、とある「復帰祈願」を行った。

元気だった頃の本人がそうしていたように、たけし人形にヘンテコ衣装を着せて、番組冒頭から毎回乱入させたのである。

後に知ったのだが、その頃、日テレ上層部は「たけし人形使用料」としてたけしの事務所に些少ではあるが肖像権使用料を支払っていたようだ。この粋な配慮があったからか、復帰1回目のたけしは、ご機嫌で巨大バイクにまたがり、映画『イージー・ライダー』の衣装でスタジオに現れた。

CMの間、不在の間スタジオを支えてくれた所と楠田に気恥ずかしそうに小声で礼を言うたけしの姿を覚えている。

たけし、所、楠田の3人をキャスティングできたことで、『世界まる見え』はエンターテインメントとして高いレベルを提供し続けることができたと自負している。

出演者に限らずテレビ番組における「人の使い方」は実に難しく、奥が深い。この番組のスタッフの仕事をあえて一言でいえば、「世界の番組を編集し、ナレーションを入れ、日本の視聴者に理解していただける商品に仕上げる」ことである。これは簡単そうに聞こえるが、意外とデリケートな技術と計算を必要とする。正直、そういう番組制作に向いているスタッフもいれば、向いていないスタッフもいる。もちろん、向いている人のほうがまれだ。脈のあるスタッフの編集映像を直す時には「なぜ、こう直すのか?」という理屈をしつこいほど教えた。

一方で、番組が続くにつれて、スタッフに情が移る。そうなると、たとえ仕事が緩慢になっていても「外す」ことは難しくなる。

しかし、テレビ番組制作というのは茨の道である。情を差し挟んだ瞬間に、この飛翔物体はたちどころに軌道を外れ墜落してしまう。非常に辛い作業だが、私は番組が安定するまで、イケていないディレクターをアシスタントプロデューサーへ配置転換したり、他番組へ斡旋するなど、いわゆるリストラを積極的に行った。

とくに、番組立ち上げ時は大変だった。軌道に乗るまでは、「どうせ一生懸命やってもこの番組すぐ終わるんでしょ」と手を抜くスタッフが必ず現れる。こういう輩がもたらす空気が他に伝播し、番組を腐らせる。私は彼らに「明日から来なくていい」と二人きりになった時に通告した。

何年も続く可能性があるテレビバラエティは、そうしないと内部から腐ってゆく。1本限りの映画や1クールのドラマと違い、毎週毎週先が見えない状態が続く無限の闘いだからだ。「毎回スペシャル番組だと思って取り組んでほしい。少しでも気を抜いたら3か月で終わるぞ」と毎日のようにスタッフには言っていた。

これは決して大げさではない。戦ってきた裏番組のラインアップを見れば、どれほど熾烈な闘いだったかがわかるだろう。

月曜8時といえば、フジテレビは『志村けんのだいじょうぶだぁ』やダウンタウンが司会の『HEY!HEY!HEY!MUSIC CHAMP』、TBSは『水戸黄門』という超強力番組を擁していた。何度も番組で取り扱う映像のラインアップを精査し、構成を考え直した。ギリギリまで試行錯誤の日々を続けた。

他局に類似番組が登場したり、インターネット動画の普及で取り扱う映像の範囲が多様に変化したり、長い番組の歴史の間には様々な危機があったが、我々はあの手この手で切り抜けてきた。

なかでも「ＹｏｕＴｕｂｅ」誕生は過去最大の脅威だったが、我々は「日本最強のＹｏｕＴｕｂｅ映像確保チーム」を作り『世界まる見え』に反映した。

今でも生き残っているスタッフから「あのころの吉川さんには何か鬼気迫るものがあった。みんなで『アイスマン（氷のような男）』と呼んでました」と言われたことがある。

私はとにかくそれほどに必死だったのである。


その後、『世界まる見え』は私の手を離れた後も、高視聴率を維持している。

今後も山あり谷ありであろうが、スタッフが「常に新しいもの、異質なものを受け入れる姿勢」を忘れなければ、長寿番組であったとしても、しっかりと時代の変化にフィットしていけると考えている。

欧米がリードしていた「世界のテレビ」は日々変化している。個人的には、中国、インド、イスラエルが熱いと思っている。ＶＲ（バーチャルリアリティ）の世界の到来に先んじてＶＲ版『世界まる見え』を作る勇気があってもいいと思う。

長寿番組に必要なのは、「変わらないことを続ける」ことではなく、そういう「尋常でないほどの強い意志と好奇心」と「変化に対応する力」を持つことなのだと私は信じている。

第3章

さんまと『恋のから騒ぎ』

クイズプロジェクト

私が苦しんでいた頃、日テレでは他のテレビマンも奮闘を始めていた。

1987年頃、日本テレビは新規に「クイズプロジェクト」なるものを発足した。フジテレビという巨大で分厚い壁を突き破るため、「クイズ番組」をテーマに若いテレビマンにアイディアを出させ、権限をもたせたのである。これが、後に視聴率三冠奪取の最も強力な武器となる。招集されたのは、小杉善信、渡辺弘、佐野譲顕、五味一男、そして私・吉川といった面々だった。

中途採用組だった五味は、努力家で知られた。当時は放送中の国内のクイズ番組すべてのテレビ画面を写真に撮り、セットと企画と構成の研究をまとめた分厚いノートを作っていた。

努力の成果か、最初は苦戦していた小杉・五味の『クイズ世界はSHOW by ショーバイ!!』が、88年のスタートから1年半ほど経つとジワジワと数字を上げてきた。

五味の快進撃は続く。渡辺・佐野両プロデューサーと組んで90年に『マジカル頭脳パワー!!』をスタートさせたのだ。

同番組は、あの「バナナと言ったら黄色、黄色と言ったら信号♪」の「マジカルバナナ」コーナーがつとに有名だ。当時、小学生が学校でこの遊びで盛り上がるほどの大ブームになった。

最高視聴率40・9%の怪物番組にまで育てあげ、後にネタ番組ブームの走りとなった『エンタの神様』も成功させた。

渡辺は音楽センス抜群の菅原正豊（現・ハウフルス代表）演出で、三宅裕司、中山秀征が司会の『THE夜もヒッパレ』という音楽番組をヒットさせる。『ザ・ベストテン』風に、当時のヒット曲を出演者たちがカラオケ風に歌う、あの頃一世を風靡した新機軸番組であった。

一方、小杉はドラマ班に移り、チーフプロデューサーとして『家なき子』（94年）や『金田一少年の事件簿』（95年）をヒットさせた。

この5人のチーム体制は、低迷続きでジリ貧の様相を呈していた『24時間テレビ』の全面リニューアルも成功させた。そのきっかけとなったのが、間寛平をランナーに迎えた「24時間マラソン」である。現在まで続く強力企画だが、これが当時歴代1位の視聴率を獲得してしまう。

極端な言い方をすれば、この「クイズプロジェクト」は、後に日本テレビがフジテレビを抜く重要な要因の一つであったといえる。テレビというものは、一度当たると雪崩のように、すごいエネルギーを生み出す。90年代、日テレは加速度的にヒット番組を生みだし続けた。

明石家さんま中毒

私は『世界まる見え！テレビ特捜部』のヒットによって何とか一矢報いることができた。クイズプロジェクトの一員として、日テレを支え始めたという自負も芽生えつつあった。そんな私だが、テレビマンとしてはまだ成し遂げられていない大きな目標があった。

それは「明石家さんま」とともにヒット番組を作り出すことだ。

本稿の冒頭で、菅賢治と私がいかにして明石家さんまを日テレの番組に迎えたかを書いた。しかし我々との初仕事『イッチョカミでやんす』はその革新性が仇となったのか、大衆受けすることなく1年で幕を閉じた。

しかし、我々はこれだけで明石家さんまとようやくつながった「糸」を切ってしまいたくはなかった。菅も私も、それぞれの方法でさんまとの関係をキープし続けていたのである。

菅はゴルフが得意だった。さんまから呼び出しがあればいつでも応じ、週に1〜2度は共にラウンドしていたのではないかと思う。

菅はその一方で、89年から『ダウンタウンのガキの使いやあらへんで!!』を立ち上げている。当初は深夜1時40分スタートだったが、じわじわと人気を集め、現在も日曜夜11時台で放送中である。同番組からスピンアウトした大晦日の『笑ってはいけないシリーズ』は、日テレの誇るお化けコンテンツとなった。この番組によく登場する「ガースー黒光り」こそ菅その人だが、彼はああ見えて親分肌で、アメリカの海軍特殊部隊の隊長でも務まるのではないかと思うほど、異常にしぶとく、忍耐強かった。

私は菅に対抗して、さんまに「テニスとボウリングが得意です」と自称していた。しかし、これで痛い目に遭った。突然、さんまから電話でテニスコートやボウリング場に呼び出されることがあったのだが、あまりにブランクが長すぎてプレーはムチャクチャ。

他人のヘマにツッコミを入れることにかけては史上最強の天才であるさんまは、私の失態にかえって狂喜。「話が違うやないかい！」と、顔を合わすたび1年くらい茶化され続けた。

「スポーツはダメだ」——そう考えた私は、「仕事で関係を築く」という正攻法に切り替えた。4か月に1度くらいのペースで、さんまメインのスペシャル番組を作り続けた。「菅はゴルフ」で「吉川はスペシャル番組」で、とそれぞれがさんまと関わり続けた。すると我々はその才覚と人柄に触れるうち、いつしか定期的に会っていないと耐えられない「明石家さんま中毒」になっていたのである。

キツいツッコミもあるが、何故か会うとホッとする。強力な磁力と不思議なパワーを持った人である。今思えばこのつながりを保ったことが、後に「視聴率奪還」の重要な要因になる。

「高飛車女いじり」の金脈

「明石家さんまとヒット番組を生み出したい」――その私の思いが結実したのが、『恋のから騒ぎ』である。この番組は後に、現在もゴールデンタイムで続く『踊る！さんま御殿!!』へと繋がっていく。

読者もご存じの通り、この両番組は、さんまが魔術的な話術・運動神経で10人以上の出演者をさばいてゆく番組である。この様子、テレビでもわかると思うが現場で見ていると本当にもの凄い。まるで「一騎当千（ひとりの騎馬武者が1000人もの敵を相手に戦えるほど強いこと）」を、眼前で見ているような錯覚に陥る。

筆者はさんまの「頭の回転・処理能力」と「言葉・動きに対する反射神経」にいつも驚愕していた。この両番組の長寿は、さんまの驚異的能力によるところが大きい。

現場では出演者のちょっとした小さなつぶやきや仕草も、明石家さんまは聞き逃さないし見逃さない。そして、多数の演者を仕切るなかから、「もっとも笑いが取れる」「スタジオが盛り上がる」ものを瞬時に取り上げ、そこを集中的に攻めていく。こんな司会は、他の誰にもできないだろう。

とくに『から騒ぎ』は、魅力的なバツイチ男性であり、男女の恋愛・痴話が大好きな彼の独壇場であった。素人である女性出演者の中には、1年間の出演期間で明石家さんまに「疑似恋愛」をしてしまう女性もいたほどである。さんまの放っていたオーラは半端ではなかった。


そんな『恋から』の企画は、私の失敗体験から生まれた。

第1章で述べたが、私は1991年のスペシャル番組で、フジの『オレたちひょうきん族』以来初めてとなる、ビートたけしと明石家さんまの共演を実現させた。

全国から集めた日テレ系列局の美女アナウンサー20数人に「日本全国ご当地の笑えるビックリニュース」を語ってもらう企画である。

しかしこれがうまくいかなかった。いくら面白いニュースだとしても、詳しく取材・リサーチが行われているわけではなかったため、視聴者には非常に伝わりにくい内容になっていた。言ってしまえば、底が浅かった。私は、「うーん、これはまったくうまくいっていない」と収録開始直後から頭を抱えてしまった。

しかし、たけし・さんまという最強の両MCは、この空気を敏感に察知し、盛り上げようとして決して手を抜かず懸命にしゃべってくれた。それでも素材の悪さはいかんともしがたく、番組は低調なままエンディングコーナーに突入した。

明らかに、私はじめ制作サイドのミスだった。

しかし、最後の企画が炸裂した。これは収録前日に急遽考えた企画だったが、各女子アナに「私の嫌いな男」についてフリップに書いてもらうというアンケートトークを行ったのである。

ある女子アナが言う。

「私がパパに買ってもらったBMWのドアを開けてくれない男が嫌い」

今なら「正気か」というような回答だが、時はバブルである。地方の名士のお嬢さんが多い系列女子アナの高飛車な答えに、明石家さんまが水を得た魚のようにキレまくり、舌鋒鋭く、口角泡を飛ばす。たけしのピコピコハンマーを奪い女子アナの頭を叩きまくる。
あのビートたけしでさえ、「おい、明石家。冷静になれ」と言って制止する勢いだった。
終始落ち込んでいた私だが、この瞬間ばかりは「金脈を掘り当てた！」とヒザを叩いた。

素人女性限定

1年半後、「土曜の11時にさんまさんで番組を」というビッグスポンサーのありがたいオファーが来たとき、菅賢治、小川通仁とともに招集された私の頭に浮かんだのがあのエンディングコーナーの「明石家さんまの炸裂」であった。

素人女性を日本全国でオーデションする。「プロの女性タレントの方が安全ではないか」という意見もあったが、私は頑なに拒否した。

「プロはファンに気を遣うゆえに、本音・本気で恋愛やプライベートの話なんて絶対しない。この企画には絶対に合わない」

そう思ったからだ。

企画の〝芯〟は、「夕暮れ時、東京・有楽町を歩いている美人ＯＬの頭の中を覗いてみたい」という男の願望である。

しかも、聞き手は女優・大竹しのぶと離婚して独身モテ男となった明石家さんまである。周囲は「恋愛話だけの番組」と「素人だけの番組」というダブル不安要素に拒否反応を示し、収録直前まで危惧していたが、私は全く聞く耳を持たなかった。

不遜ながら、確信に近い「ヒット番組誕生」の予感さえ持っていた。いままでベールに包まれていた「オンナたちの本音の詰まったはらわた」が覗けるんだから……と。「完全にヒットの理屈が詰まっている」と思った。

私と菅賢治とディレクターの小川通仁は『恋のから騒ぎ』ではいくつかのかなり厳密なルールを作った。これまでも何度か言及したが「長寿番組になるか否かは『初期設定』と『運営方法』で決まる」からだ。

●出演対象は高校生を除く18歳から29歳の素人女性。ただし、水商売の方は除く

別に職業差別をしているわけではない。申し訳ないが、水商売はある種、プロと素人の境界線に属する。オンナのはらわたを開陳する恋愛話だけに、逆にアマチュアリズムと品格にはこだわりたかった。番組を判断する視聴者は、ごく普通の市井の人々である。男女のアンダーグラウンドの世界を知り尽くしているホステスさんの話も面白いが、少々「味が濃すぎる」と思ったのである。この番組の料理長・明石家さんまを前に、既製品風の味付けの素材を持ち込む必要は全くないと考えた。

●ゲスト以外に女性タレントは出ない。全て素人にする

「人の心を見抜く名人」小川通仁ディレクターが全国、東京・札幌・仙台・大阪・福岡・那覇他で徹底的にオーディションを行った。1年に1回の3月の最終オーディションには明石家さんま本人も来る。この現場では、さんまと素人女性とのやりとりの様子を実際に見ることができる。

出演者は医者の卵から元CA、女子大生、OL、職人、フリーターなど様々だ。

過去に、ごく少数「お水」の方が混入したが、最小限だったと自負している。我々「恋からＣＩＡ」は、全国津々浦々、仙台のキャバクラから五反田のスナックまで網を張っていた。ＡＶ雑誌も各種閲覧し、新人コーナーには特に目を凝らしていた。

余談だが、卒業後、ある程度顔の知れた『恋から』メンバーがＡＶデビューした時、そのＡＶの売り上げは驚異的であった。謳い文句は決まって、「さんまちゃん。ごめんなさい。ＡＶデビューしちゃいました」「さんまが愛した○○。遂にＡＶ進出」などというもの。ＡＶメーカーのしたたかさを改めて思い知った。

番組はスタート直後から、バツグンの視聴率を記録した。ただし、フジテレビの裏番組は視聴率が常時20％を超えるテリー伊藤演出の『ねるとん紅鯨団』だった。とんねるずが若い男女をカップリングする、一時代を築いたお見合い番組である。

強敵の前に、『恋から』の初回視聴率は13％ほどだった。しかし、回を重ねるたびに視聴率はグングンと上がり続け、秋には『ねるとん』を超えて20％台へ突入した。タレントは明石家さんまとゲスト1名だけ。後は素人女性20人だけという番組の信じられない快挙だった。

素人女性たちをいかにさんまがいじり倒し、人気番組に仕立てていったか。多くの読者はご存じだろうし、ここではその詳細を記していくことは避ける。どんな筆力をもってしても、さんまがテレビ画面で見せたパフォーマンスを超えることは不可能だ。

オーディションを取り仕切っていた小川通仁は、『恋から』メンバーの配列についても巧妙だった。最前列に美脚の美女を配し、2段目3段目には「人間観察の鬼」の小川が探し出した最終兵器キャラと「そう美人ではないが十分番組を盛り上げることができる女性」を配していた。

小川はこう確信していた。

「モテる美人が必ずしも面白い話を持っているわけではない。かえって美人は澄ましていて話がイマイチの場合が多い。一方、恋愛耽溺性はかえって『ちょっとイケてない女性』や『どこかに欠点のある女性』に多い。話が面白いのはこういう女性だ！」

番組開始時からこの「本質」を見抜いていた小川は賢明であった。この人選・配列が番組成功と長寿化の大きな原動力になった。

始めてみると、爆発的に面白いエピソードの数々に、企画したこちらが驚くほどだった。

当時は、バブルの後期である。とんでもない話がワンサカ出てきた。

「オッサンに西麻布の億ションを買ってもらった」

「明日は自家用飛行機で大分にゴルフへ行く」

「ベンチャー企業社長の彼氏が『BMWとアルファロメオとどっちがいい？』と聞くからメルセデスを買わせた」……などなど。

普通のタレント番組では絶対お目にかかれない、さんま激怒のエピソードのオンパレードだった。

中には突然何の前振りもなく「昨日、5年付き合っていた彼氏と別れた」とスタジオでさんまに告白し号泣する娘もいた。それにデリケートに対応する明石家さんまという構図も新鮮だった。

「これがテレビだ！」と心から思ったものである。

隔週土曜日の収録が終わると、主な男性スタッフたちは連れだって西麻布に繰り出し、明石家さんまのご馳走で焼肉を食べ、酒を飲んだ。「オンナのはらわた」を見て傷ついてしまった男たちは、そうやって心を僅かながら癒すのだった。

ちなみにスタートから17年後、2011年に放送された最終回で「男に傷つけられた時」という質問に対するフリーターの女の子の回答は、「彼氏のメールに絵文字がなかった」だった。リーマンショックの影響が色濃く残り、東日本大震災もあったこの年。女性の関心は、「億ション」から「絵文字」へ変わったのである。社会の趨勢をも、この番組は反映していた。

放送5年目の大事件

たとえ、さんまの圧倒的トーク能力に頼った番組であるとはいえ、常に順風満帆だったわけではない。

放送5年目、番組のターニングポイントとなる出来事があった。

最終オーディションの時から、他を圧倒するほどのトークを飛ばしている女の子がいた。

その子は決して美人ではなかったが、凄い恋愛体験と、抜群の話術を持っていた。4月の冒頭から「この年のMVPはこの子が取ったようなものだ」とスタッフ間で話していたほどだ。

しかし、シーズン3回目の放送の夜のことである。『恋から』のスタッフルームに外線電話が1本入って来た。こんな内容だった。

「あの3段目の端っこの子は下町のファッションヘルス店『悶々○○』に勤めているマリモちゃん（仮名）ではないのか？」

「風俗嬢」……これは完全に「想定外」であった。当時、まだ顔出し風俗嬢雑誌やネット情報が少なかったことも、我々の調査網をかいくぐった理由だった。

翌日ディレクターの小川通仁がADとともに「悶々○○」に乗り込んだ。電話で予約・指名し、マリモちゃんを待つ。個室でのわずか10分の待機時間が1時間にも思えたと後に小川は私に語っている。

マリモちゃんが「はじめまして〜」と、明るく入って来た。……間違いなくその子だった。横綱級の新人だったから小川の失望も大きかった。

その後『恋から』の収録の日。小川は真っ先にさんまに報告した。さすがの明石家さんまも「そやったか〜」と呟きつつ、驚きと残念さを隠せない。

そして、しばらく無言で煙草を燻らせた明石家さんまはニコッと笑って小川にこんな質問をした。

「で、どやった？　楽しんだ？」

そこは明石家さんま一門の小川通仁である。目線をかすかにずらしつつ、こう言った。

「はい。存分に」

この場合、小川が実際に本当に「楽しんだかどうか」はどうでもいい。しかし、明石家一門では「どんな場合でも面白い答えをする」のが原則である。

爆笑に包まれた楽屋で、私は「このガッカリな状況をモノともしない明石家さんまはなんて人なんだ」と唸った。

という訳でマリモちゃん（もちろん仮名）は出られなくなったが、これは『恋から』が超優良企業の1社提供番組だったから、仕方がないことだった。

また超大物の肝いりで六本木の超有名クラブのホステス（当時大学生）が『恋から』に入ってきたことがあったが、出演3回で活躍がなかったので、鬼の小川通仁の一ナタでクビになった。

どんな番組でも、長く続けることによって「コネ」による横やりが入ってくることがある。しかしこれ以降、「鬼の通仁」の前ではどんな有力なコネも通じなくなった。そのため女の子の会話とキャラクターのクオリティが水準以上に保たれた。これも17年の長寿の秘訣だった。

真面目なB君の『I LOVE YOU』事件

先ほど2つ挙げた以外にも、『恋から』には重要なルールがあった。

●どんなに活躍した女の子でも、1年後の3月末には強制卒業させられる

なぜこの厳しいルールは誕生したのか？　正直に打ち明けると、当時の我々には止むに止まれぬ事情があった。

番組がスタートした90年、それは携帯電話が本格登場する前の時代だ。

Bプロデューサーという真面目な30代の男性がいた。実にこまめに仕事をこなす男だったが、お酒が好きで、飲むと少々羽目を外す面があった。

番組スタート当初から、『恋から』ガールの全ての連絡先などは彼が厳重に管理し、彼女たちにスタジオ収録の伝達業務などをしていた。

しかしある夜、彼はしこたま酔っていた。B君は、少々お気に入りだった関西在住のC子さんにふと電話をかけてしまった。

午前1時という微妙な時間。よせばいいのに、彼は受話器ごしにフルコーラスで尾崎豊の『I LOVE YOU』を熱唱してしまった。


そして後日、麹町のGスタ。

「私が苦手な男性」というテーマで番組が始まった。いつも通りの明石家さんまの軽妙な進行の中、「セカンドバッグを持った男がダサい」「喫茶店でおしぼりで身体を拭く男」など軽いネタが続く。

そして、C子の番となった。

モニターに「夜中の1時に電話で尾崎豊を歌う男」と表示されスタジオが騒然となる。さんまが、「は～。本当にそんな奴おんねんか？」と聞く。

C子はこう答える。

「気味悪いねん。最近な～、夜中の1時頃にな～、尾崎豊のな～『I LOVE YOU』を思いっきり熱唱やねん」

芸能界には、スタッフの裏話をスタジオで話す女性タレントなどいない。これが利害関係の全くない素人出演者の良さであり、恐さである。

明石家さんまはテレビのMCなら誰でもする質問をC子に聞いた。

「そいつ、誰やねん？」

C子はちょっとためらったが、スタジオで立ち合いをしているBプロデューサーを指差した。

「あんな、Bさんやねん！」

まさか、スタジオに〝尾崎豊男〟がいるなんて誰も想像していなかった。一瞬の間を置いてスタジオ内はまさに爆笑の渦。……収録後も「盛り上がった、盛り上がった」とスタッフはみんな喜んでいた。

しかし、私は帰路の深夜タクシーの中で冷静になって考えた。少し偉そうだが、私は大変な危機感を持っていたのである。

翌々日の月曜日に公表されたその日の『恋から』の視聴率は凄まじかった。私はデスクの女性に命じて連絡を取ってもらい、放送作家の大岩賞介、菅賢治、小川通仁そして私で会議を開くことにした。

冒頭、私はこう切り出した。

「先週土曜の収録は大変盛り上がりました。視聴率も大変良かった。……ただし一方で、これを視聴者サイドから見ると『恋から』のスタッフが出演女性にちょっかいを出していると取られかねない。……これでは商品や社員に手を出す商店主や管理職と同じことになる。テレビで見ていて決して気持ちの良いものではないと思います」

皆、腕を組みながら真剣に聞いている。

「だから、今10月ですが、3月いっぱいで全員卒業させましょう。『恋から』メンバーの中にタレントになりたい女性とかもいると聞きますが、タレントになった瞬間、所属事務所が規制して本音は吐かなくなります。3月の『ご卒業スペシャル』は高視聴率になるかもしれませんが、翌週はゼロからの出発になるでしょう。

でも、これは番組という部屋の空気を毎年入れ替えているようなものです。だから番組の空気はいつも新鮮になる。常に新陳代謝を図れる。絶対に長く続きます。

女の子とスタッフの飲食・喫茶も禁止にしましょう。Bプロデューサーに最後のチャンスを与えます。彼女たちの情報台帳を持つのはやはり彼だけにして、厳重に管理しましょう」

……みんな大きく息をついた。それでも納得している様子だった。

当時、出演していた素人の女の子が街でサインや写真を求められたりして「私、タレント活動ができるかも」とスタッフに相談してくるケースが出始めていた。

彼女たちは、「明石家さんまという絶対的な凄腕料理人がいるからこそ自分が輝いている」という事実にすら気がついていない。自分たちに向けられた「チヤホヤ」があくまで瞬間風速であり、いつもアベレージをたたき出すことができるタレントとは、まるで技量が違うということにも気づかない。

なので、よほどのことがない限りは、「タレントへの道」を相談されても関与しなかった。一応は芸能界の厳しさを教えるが、もしプロになるとしても本人の努力に任せることにした。


その代わりというわけではないが、彼女たちを労うため、卒業後の打ち上げでは、出演女性たち全員に豪華賞品が当たるクジ引きを用意した。菅賢治が、高視聴率時に会社からもらえる報奨金をプールし、その報奨金で買ったものだ。

確かに素人女性とはいえ、人気絶頂のときに残酷にも卒業させられるのだから複雑な思いもあっただろう。その点を踏まえての、菅の素晴らしい配慮であった。

女の子たちを懸命に1年間盛り上げてきた明石家さんまは、その打ち上げで女性たちが狂喜する様をいつも安心した表情で見守っていた。

「3月全員卒業・入れ替え」は、編成の大反対も受けたが結果的には大正解だった。「卒業スペシャル」は25%近く行き、翌週は16%くらいまで落ちるが秋からジワジワ20%に近づいてきて、というサイクルが続いた。これが、17年の長きにわたって放送できた理由だと考えている。

やはり、テレビは時代と生きている。そう思わざるを得ない。

今考えれば素人番組を維持するための「当然の処置」としか考えられないが、あの尾崎豊『I LOVE YOU』事件という偶然が功を奏したのは間違いない。

後年、いみじくも明石家さんまは語った。

「あのB君の『深夜1時の尾崎豊』がなかったら、『から騒ぎ』もここまで続いたかどうかもわからへんで〜。B君に感謝せなあかんで〜」

その後地道に働いたBもホッとしていた。さすが明石家さんまである。

ゴールデンでも通用した『恋から』システム

一方、日テレでは「明石家さんまのゴールデンタイム番組を作る計画」も進行していた。『恋から』は『ねるとん紅鯨団』を追い抜くなど絶好調で、上層部たちが『恋から』スタッフに任せることにしたのである。正直なところ私自身はゴールデン3本と『恋から』を抱えて精も根もヘロヘロに尽き果てていた。

しかし、明石家さんまのゴールデン番組を任されるとなれば絶対に手は抜けない。私は若い頃から、この日を夢に見ていたのではないか。

麹町・日本テレビの第一別館。1A会議室。私の到着を、スタッフのみんなが待っていた。

菅賢治、小川通仁、大岩賞介ほか、スタッフも作家も『恋から』と同じ。実は、私にはもう構想ができていた。

冒頭、私から発言した。

「『恋から』では、定期的に大きな実験をしてきました。年に3回のスペシャルで『恋から』メンバーと男性の俳優やアイドル、タレントを絡ませ、20人以上の人数で『男と女のエピソードトーク』を展開してきた。この結果、わかったのは男性タレントと『恋から』メンバーが絡むと、過去の恋愛エピソードがより盛り上がることがあるということ。今度のゴールデンでは、早い話、これをやろうと思います」

みな、沈黙している。私は、本屋で見つけてきた「市井の人々の喜怒哀楽」をテーマにしたエピソード本を菅の前に差し出した。

「これは一般の人が、家庭、仕事、学校、旅行など普段の生活で体験したことと、そこで感じた喜怒哀楽をまとめたものです。一見、何ということはないように見えるが、これが実に面白い。これと同じことをすればいいと思っています。タレントを一つの『情報の塊』だと考える。すると、彼らには『芸能人』としての側面以外にも「生活者」としての情報がある。普段の『一市民としての生活』です。彼らはきっと、生活の森羅万象を独自の感性で解釈しているはず。

『人生で一番うれしかった瞬間』

『娘に言って引かれた一言』

『怒った後にとても後悔したこと』

『もらっていちばん嬉しくなかったプレゼント』

彼らはきっと、こんな質問にも独自の答えを持っているし、視聴者から共感を得ることを言ったり、逆に驚かれることを言ったりしてくれる。明石家さんまさんなら、きっとうまく個性を引き出してくれる。『恋から』と重複を避けるため、恋愛テーマは極力避けましょう。

スタジオトークの合間に、一般の視聴者からいただいたアンケートの答えをVTR化すると芸能の方と一般の方との壁がなくなり、一体感が出るはずです」

つまり、『恋から』の姉妹番組を作ろうという魂胆だった。主要スタッフが賛成しGOが出た。番組名は『踊る！さんま御殿!!』。その後各局が乱発するタレントによる「個人エピソード・トーク・バラエティ」の誕生であった。

このひな壇トークは、各局の番組に大きな影響を与えたが、先ほど書いた通り、明石家さんまの機転と反射力と機微のおかげで類似番組とレベルが違う出来となった。その後、小川通仁が「ゲストをテーマで括りキャスティングする」というアイディアを出し、さらに長寿番組への道をまっしぐらに進むことになった。

番組を成功させるには、まず良い企画が必要である。しかし企画が良くてもその「初期設定」と「実際のオペレーションの仕方」に手を抜くと、回っていかない。また「時代との呼吸をどうして行くか？」「危機と環境変化への対処」「番組をエキサイトさせる場面と、品格と節度を保つ場面とのバランスの保ち方」「スタッフの選定の仕方と配置の仕方」「若いスタッフを育てるノウハウ」など複合的な要素が、さらに長寿番組となるかどうかを決めていく。

テレビ番組制作とは、まさに、ミニマムサイズの商店・会社組織といえるかもしれない。やはり長い間商いを行っている店やビジネスにも通じる要素もあるのではないかと思う。振り返ると「負の要素」が出て来たときにそれをスタッフみんなでプラスに転換できた幸運な結果だとつくづく感じる。

第4章

所ジョージの品格と「ダーツの旅」

素人インタビューは「安易」で「安上がり」か

ここで、所ジョージと私のもうひとつの大きな仕事である『笑って』シリーズについて言及しておきたい。

繰り返しになるが、ゴールデンタイムという過酷な環境で、何十年にもわたって番組を続けることは決して容易ではない。

主要な出演者が大けがをしたり、類似番組が山ほど出てきたり、裏に化け物番組が現れたりする。「長寿番組」を続けてゆくことは、おそらく読者の想像を超える極めて難度の高い仕事である。

過酷なフルマラソンでも、42・195キロでゴールを迎えることができる。だが、一度始まって軌道に乗った人気番組には「ゴールのない地獄」が待っている。

それでも調子が良い時はまだいい。だが一旦、低迷・混迷が始まるとその主要スタッフは朝から晩まで得体の知れない不安感を抱えることになる。番組が「打ち切り」という名の臨終を迎えるまで、ありとあらゆる外科手術、蘇生手段を尽くさなければならない。

そんなスタッフたちの姿を外から見ていると滑稽にすら見えるだろう。これはテレビの世界に厳然と存在する「無間地獄」である。

あるネット記事で、今のテレビ界における「素人インタビュー番組」の興隆は、私たちが作った『一億人の大質問!?笑ってコラえて!』が元祖と褒めていただいた。筆者は、テレビ解説者の木村隆志氏だったが、彼は色々分析をしてくれていた。

〈素人が等身大で話す姿は、どこか安心感がある上に、意外性や再発見があったのでしょう〉

〈「素人インタビューには台本がない」ことも大きいと思われます。タレント同士が見せる〝お約束〟などの予定調和も視聴者が嫌う要素なのですが、それがないため、つい見入ってしまう〉

などと挙げ、最後に〈何しろタレントもスタジオも、衣装もヘアメイクもほとんどいらないだけに超低予算〉とコスト面を重視していた。

記事の趣旨は芯を食っているが、一言だけ言わせてもらえれば、「コスト削減のための素人インタビュー番組」では、決して時代に残る番組にはなり得ない。

『笑ってコラえて』のメインコンテンツである「ダーツの旅」は、金、手間暇が法外にかかっている。取材期間は一つの村で10〜14日間ほど、スタッフが対象の村に泊まり込み、夜明けから日没まで、コンビニすらない秘境の村人にカメラを回し、インタビューを続ける。スタッフは最後にはほとんどの村人と知り合いになってしまう。

編集時間もかかる。最終編集で採用される村民は100人にひとりの割合。面白い一言を引き出すインタビュアーのテクニックも必要だ。

つまり「他の番組が簡単に真似できない企画と取材だから革新的」なのであり、長く続いているのは「他の番組が真似できないから」なのだ。自画自賛になってしまうが、安易に「素人インタビュー」を表面だけ真似している連中とは、思想も哲学も方法論もまるで違うのである。

「ダーツの旅」は、放送スタート時の1996年から20年も続いてる超長寿の人気コーナーだ。所ジョージが日本地図にダーツを投げ、当たった村や町にスタッフが滞在し、村人と交流する。

これまでの番組の歴史を、様々な「村人」たちが彩ってきた。信じられないくらい面白い90歳の老人、取材と知ってキャーキャー騒ぐ田舎の女子中学生集団、ウチの軍鶏が美味いと家に招待してくれるオバサン……。

このコーナーの成功によって他局でもあまたの「素人インタビュー・バラエティ」が生まれたことは前述したが、その背景にはビデオカメラの超小型化・高性能化もあっただろう。IT環境の進化で制作スタッフが取材・撮影から編集までを担当でき、長期間の取材が可能になったことも拍車をかけた。

「ダーツの旅」の元ネタ

私は、テレビ界では、この「偉大な長寿コーナー」の生みの親として知られる。しかし、ここで告白しておかなければならないのは、この企画には「元ネタ」がある。ただし、そこに至るまでには様々ないきさつがあった。

手元の資料によると、関西で今も絶大な人気を誇る『探偵!ナイトスクープ』（1988年〜・朝日放送）において、越前屋俵太がダーツを投げ、刺さった地域に行くというコーナーが一時期あったそうである。しかし当時、ロケ用カメラが重かったとか、一日15万円ほどの高額撮影技術費がかかったとか、長期にわたる取材はタレントさんのスケジュール上無理だったとか、諸々の事情ですぐ休止になってしまったようだ。『探偵!ナイトスクープ』が関西ローカルの番組ということもあって、東京在住の私はそのコーナーの存在を後で知った。

私が「ダーツの旅」の着想を得たのは、1994年頃、『天才・たけしの元気が出るテレビ!!』の制作をしていたIVSテレビの社長だった長尾忠彦（現・会長）から持ち込まれた企画書だった。彼は私を訪ねて来て、一つの企画書を出してきた。

表紙には地球儀があって、そこにダーツを投げる人がいた。つまり「世界ダーツ旅」をやろうというのだ。『ナイトスクープ』の企画にインスパイアされたのか？」は今も確認していない。

「面白い企画だ！　しかし地球は広すぎるし、ヌカに釘とでもいう感じかな〜」

これがその頃の私の感想だった。

そのため、この企画書はしばらく私の机の中に眠り続けた。そんなある日、変化が起きる。１９９５年当時、担当していた所ジョージ司会の『どちら様も!!笑ってヨロシク』（１９８９〜96年、日本テレビ）が低迷し始めていた。

この『笑ってヨロシク』も、今思えば一風変わった企画を繰り出していた。

スタジオに１００台のアップルのコンピューターを置いて「看護婦１００人」「大阪のオバハン１００人」「東大生１００人」を呼んで色んな質問をしコンピューターに答えを打ち込んでもらう。その結果を集約し回答をランキング化して当てるというクイズ企画。面白い答えをした素人には、所が直接質問するという趣向だった。

正直に言えば、ＴＢＳの名番組『クイズ１００人に聞きました』の亜流である。６年ほどは好調が続いたが、呼んでくる「１００人」のバリエーションが尽きてきて、番組は経年劣化をしてきていた。

そろそろ冷徹な編成部が、番組劣化の兆候をとらえ「番組の打ち切り」を告げにやって来る……私はそう感じた。

ここでいつもの私のやり口である。それは、テレビ制作マンの鉄則でもある。

「船が沈みそうなときは、ジタバタせずに編成マンがやって来る前に別の船に作りかえろ！」

ということだ。

当時、この番組は質の良いスタッフを抱えていたが、打ち切りになれば一族郎党食いっぱぐれだ。私は部下の小澤龍太郎と新たに企画書をでっち上げた。

題して『1億人の大質問!?笑ってコラえて!』。日本初の本格的インタビュー・バラエティと銘打った。作った企画書には、10個くらいの素人インタビュー企画が書いてあったが、正直「思いつき」に近かった。

その中に、「あのコーナー」があったというわけだ。そう、「ダーツの旅」である。

ただし、越前屋俵太のダーツの旅や、「世界ダーツ旅」とは、初期設定を大きく変えた。ダーツを投げる対象は「地球儀」ではなく「日本地図」にした。タレントは長期拘束が不可能だから使わない。スタッフだけで行く。ＩＶＳの長尾社長には、失礼ながら電話で許可をもらった。驚いていたが、渋々その場で了解をくれた。筆者も長尾社長も、このコーナーがこんなにヒットするとは、当時全く思っていなかったからかもしれない。

突然、番組タイトルを含む企画変更を制作現場から提案され、編成部は驚いて首をひねりながらも「この枠で当てつづけたスタッフだから、期待してるぞ」と企画を通してくれた。

新番組『笑ってコラえて！』の会議は日夜、続いた。特に「日本列島ダーツの旅」についても、「一体どうやるか？」と侃々諤々。

番組に参加していた放送作家の「そーたに」はこう振り返る。

「吉川さん、あの時は、20対1でしたよ」

当時、全スタッフ・放送作家が筆者の提案「ダーツの旅」に反対していたのだ。彼らは職人集団だから前例のないこの企画に「仕上がりが見えない」「イメージできない」の大合唱。

大紛糾の末、筆者は、「じゃあ、試しに1週間だけロケにディレクターを送ってくれ」と突っ返した。自分が総合演出だったから、その権限でしぶしぶ「みんなの了解を得た」という顛末だ。

現地に行く役には、A君という一人のディレクターが選ばれた。みんな、「日本一不幸な人間」を見るような眼つきで彼を見ていた。

そして収録。所ジョージにスタジオの片隅でダーツを投げてもらい、A君は、普通の人なら名前も知らない、名所・名物すらない村に旅立った。

総合演出という名の「責任者」である私だったが、残酷にも「どういう人」を「どういう風」に撮ってこいとは全く指示しなかった。

正直、私自身にも「どういう人」を「どういう風」に撮れば良いのか、全くわからなかったのだ。旅立ったディレクターのA君は、きっとロケ地で異常なほどの孤独感と戦って、眠れぬ日々を過ごしただろう。私は「見えない企画こそが面白い」と東京で思い込むようにした。

1週間後、A君が帰ってきた。「どうだった？」と聞いたが、彼は誤魔化すように僅かに下を向いて笑うだけ。それから5日ほど、編集所に籠った。

その後、会議室に20人ほどが集まり、固唾《かたず》を飲んでできあがったVTRを見た。取材は1週間。できあがったのは、わずか5分のVTRである。緊張の中、デッキのボタンが押された。

最初にまずクスクス笑いが起こった。やがて会議室は爆笑の渦に包まれた。

田舎の見知らぬおばあちゃんやおじいちゃんが信じられないことをしゃべる。A君は村人をあえて絞らず、朝から晩までまんべんなくインタビューしまくったのだ。

全く見たことのない新鮮さだった。皆、テレビに出たことも、出たいとも思ったことのない素人さんたちだった。この5分のVTRを構成していたのは、何十時間も回したテープから厳選されたわずかなカットだけだった。

この村人たちの姿を見て、私は確信した。「手つかずの油田」であり「ブルーオーシャン」であり、この上ない「金脈」であると。

この「ダーツの旅」が芯になって『笑ってコラえて！』は20年続いているといっても決して大げさではないだろう。

濃縮された日本人の姿。それは期せずして日本の辺境の地を巡った孤高の民俗学者・宮本常一氏の『忘れられた日本人』（岩波文庫）の映像版になっていたのかもしれない。我々は知らぬ間に「日本人」の根っこを描いてしまったのかとも思う。

私は「直感」で番組を作るタイプであるが、あえて分析すると「ダーツの旅」は〝一次情報〟であったことが成功の要因であった。普通、ロケに出る前は、その土地のことを本で調べたり、現地の観光協会の助けを借りたりする（今だとネットを活用する）。でも、それは使い古された〝二次情報〟、〝三次情報〟に過ぎず、新鮮味はない。ディレクターという仕事は、番組作りを進める中で、どうしても不安になる。だから、事前に「面白そうな人」を仕込もうとしてしまう。しかし、テレビを見ている方は直感で「仕込んだな」と感じてしまうのだ。

もちろん、適切な人物を事前に見つけ出すこと、台本を練り込む技術、番組の流れを構築する力は現在でも何より必要であり、大事なヒットの要素である。今で言うと池上彰・司会の番組や『イッテQ』などは、事前調査に手間がかかっている例だろう。

それに対して、この「ダーツの旅」は方法論が違った。本当にしらみつぶしに誰彼かまわずサルベージ式に長時間のインタビューをして、その厳選したカットを放送するという作り方に徹していた。『世界まる見え』以来、私が多用する「素材をたくさん集めて惜しげもなく『上澄み』だけを使用する」という手法だ。

「良いモノを作るには手間暇がかかる」ということをあの番組で我々は体現できた。素人村人番組だからこそ、逆に「金、ヒマ、手間」をかけることが重要だったのだ。

『笑ってコラえて』では、私は部下の小澤龍太郎と話し合い「所さんが取材場所・ターゲットを全て決めて、それをスタッフが必死に形にしてくる」というフォーマットを徹底した。小澤は東大法学部を卒業し数か国語を操る男だが、謙虚で徹底した現場好きで、作るものに「誠実さ」や「良心」や「目線の低さ」があった。

そして番組にとって、何より重要だったのが所ジョージの存在である。「番組に存在しているだけで、視聴者が飛び込みやすい世界観を構築できる」という稀有なキャラクターが、番組を長く続けていく上で生きた。不思議なことに、新企画の提案にしても、所ジョージの人格・人柄にぴったりと合っているか、が判断基準の一つとなった。それがマッチしていないと、この番組の企画としての体を成さないとスタッフみんなが共通認識を持っていたのである。

つまり、所ジョージのユーモア感覚、安定感、品格が一本の柱となって長寿番組を支えていたのだ。

同番組は「女子高生の旅」「吹奏楽の旅」「結婚式の旅」「幼稚園の旅」から現在人気の「朝までハシゴの旅」まで、まるで変体動物のように微妙にトランスフォームしながら「旅」と「素人さん」にこだわっている。年末には贅沢にも明石家さんまを「ダーツの旅」やロケにかりだしている。2010年の「明石家さんまダーツ旅」は番組史上最高傑作の一つだったと思う。

「ダーツの旅」のような「初めての試み」には、先が見えない不安が山ほどあるし、底知れぬ「孤独な努力」が必要とされる。とはいえ、最近こういう実験的試みがテレビ界にあまり見られないのが残念な限りだ。ほとんどが「あの番組みたいに」などと言って、すでに当たっている番組の真似ばかりしているのは残念だ。

今、私が現場のテレビマンなら、よほどの新手法・画期的初期設定が考案できないかぎり、「素人インタビュー番組」には手を出さないであろう。みんなが群がるものには「成功の種」は埋蔵されていないと確信するからである。今、興隆を迎えていたとしても、3年後、5年後は危うい。

それなら、外してしまう危険もあるが、新しいタイプのテレビ番組企画をやったほうがいい。一発目を当てた「先行者利益」というものはバカにならない。これが『笑ってコラえて』を通して学んだヒット番組・長寿番組についての重要な教訓である。

日曜8時『特命リサーチ200X』

1995年、私にまたある指令が下った。きっかけは、長年日本テレビを支えていた『元気が出るテレビ!!』の視聴率が下がってきたことだった。当時、常務取締役編成・制作局長だった萩原敏雄に呼びだされた。

「日本テレビの看板である『元気』が低迷してきた。もうテコ入れは難しい。吉川に後継番組をやってほしい。企画は任せる」

あの天才、ビートたけしとテリー伊藤の築いたバラエティの金字塔『元気』の後をやる。もちろん望むところだが、『笑コラ』、『恋から』、『世界まる見え』、そしてもろもろのスペシャル番組で、私はこれ以上ないハードワーク状態だった。

しかし、日曜夜8時は視聴者の在宅率も高く、日テレの最重要なポイントであり、メインストリートとも言える時間帯であった。萩原常務も一歩も引かない様子だ。多忙だったが、正直やりたかった。

「ぜひ、やらせてください」

その場で恭しく引き受けた。たけし、さんま、所から少し離れてしまい恐縮だが、私のテレビ屋としての重要な履歴の一つであるので記しておきたい。

企画を立てるにあたり、まず当時の時代背景を考えた。

1996年。阪神・淡路大震災が95年1月に発生し、同年3月にオウム真理教による地下鉄サリン事件が起きた。90年代初頭バブル経済が崩壊していた。日本各地で奇妙で陰惨な殺人事件が頻発していた。「なぜこんな事が起こるのか?」「日本は一体どうなってしまったのか?」——ある意味、日本中が精神的外傷を負ったかのような状態だった。

正直「お笑い番組などお気軽に作っている場合じゃない」と思った。フジテレビの「楽しくなければテレビじゃない」の方針では闘えないと思った。でも、日曜8時は家族団らんの時、後味の良い番組を作りたい。

そこで、散々考えた末、新企画は「世の中の様々な謎を解く番組」にしようと決めた。

題して『?』（クエスチョン）。不可解な謎が丁寧に解明されるとき、またシャーロック・ホームズや刑事コロンボの見事な推理や謎解きに触れる時、人間には「不思議な快感」が訪れる。でも、時代はリアルな現実に直面している。架空のフィクションはやめて、「実際に発生したとされる事実や現象」の謎解きをしてゆこう。

人間の生活は、普段から不可解な「謎」と「矛盾」と「不条理」に満ちている。おかげで人々は毎日疲れるし、少々悲観的にもなる。せめて日曜の夜、テレビの前で「世紀の謎解きショー」を楽しんでもらおう。そう考えたのである。

そのためテーマは「現実に起こったこと」「起こりそうに思えること」をベースにした。


「バミューダトライアングルにおいて米海軍飛行隊が忽然と消えた事件」

「ウワサはどのように伝播するのか？『人面犬』伝説を追え」

「知能指数１８０の少年に隠された謎」

「人体自然発火現象のカラクリ」

「ＵＦＯ写真に隠された映像捏造過程を再現せよ」

「金縛りはなぜ起こるのか？」

「交通渋滞はなぜ起こるのか？」

「『ノストラダムスの予言』のルーツと謎を暴く」

「血液型性格判断は本当に有効か？」

「集団心理・パニック現象の正体を解明せよ」

「男女の共依存はなぜ起こるのか？」


最初、この企画をクイズ仕立てで展開しようと考えたが、大物MCに丁重に断られた。3日3晩考えていて「ドラマにしよう」と思い立った。

この企画の醍醐味は推理小説のような「謎解き」にある。つまり「調査した情報の並べ方を考え、ストーリー化する」ことが肝心だ。

この構成・展開をしっかりと考えればドラマにできるはずだ。『世界まる見え』のおかげで世界の第一線のテレビ制作者の手法を少々身につけていたので、見せ方、作り方のノウハウと腕と引き出しが格段に増していた。

テーマの謎が解明できない場合、想定される仮説を2〜4つ並べた。

アメリカのサスペンスドラマ『X-ファイル』、円谷プロの『怪奇大作戦』、『ジュラシック・パーク』やドラマ『ER』の作家マイケル・クライトンのミステリーSFの傑作『アンドロメダ病原体』の要素をこの企画のベースにした。

架空のリサーチ会社を舞台に佐野史郎、高島礼子、稲垣吾郎、中野英雄、菅野美穂らが調査に挑む。佐野は我々バラエティ班が不慣れなドラマを制作するために現場で起こる様々なトラブルを「座長」として治めてくれた。博学で大人《たいじん》の趣がある人物で、我々はずいぶん助けられた。1996年に始まり2004年にその使命を終えたが、ドラマ・映画関係者が現在にリメイクしても良い「構造」を持った企画であったと思う。

この『特命リサーチ200X』は滅多に番組を褒めないスタジオジブリの鈴木敏夫プロデューサーが後年、絶賛してくれた。

「あの笑いがギッシリの『元気が出るテレビ』の後に『特命リサーチ』が始まった時、日テレは本当に恐ろしいと背中に電気が走りましたよ。破壊的な笑いの次にこんな知的エンターテイメントで来るとはと。1回目から番組終了まで全て見せていただきました。あれはテレビ史に残る傑作です」

ゴマをすらないことで有名な鈴木プロデューサーの言葉だけに、聞いた瞬間、正直感激した。「テレビ屋でいて、ああいうものを世に出せて本当に良かった」と心から思った。

第5章 テレビはどこへ向かうのか

たけしはネットでもキラーコンテンツ

私は日テレ時代、ほとんど現場で制作に従事し、最後は管理職・後輩育成職として過ごしてきた。２０１４年９月からは、川上量生《のぶお》会長率いるネット企業・ドワンゴに完全出向になった。「これからはネットを勉強して来い」と日テレ幹部が考えたからなのか、ドワンゴ会長室エグゼクティブプロデューサーとして、日々、ドキュメンタリーや報道番組制作、またそれにこだわらないテレビ屋時代より幅の広い業務を任せてもらっている。

出向後すぐ、14年10月のことである。私の歓迎会が、六本木の豚しゃぶ屋で行われた。川上会長も来てくれ、私の横に座った。

スタジオジブリに「見習い」として所属する川上会長にこんな話をしてみた。その年、東京国際映画祭でビートたけしが若手・学生監督の前で発言した内容を紹介したのである。

「俺はアニメなんか大嫌いで、宮崎駿なんかも本当に大嫌いだけれど、あれだけのお金を稼ぐのはすごいアニメだと認めている。自分のいいと思うものをやるべきだけど、嫌だと思うものも認められる余裕のある頭が必要だと思う」

……完全なジブリ批判である。怒るかもしれないと思っていた川上会長から、意外な言葉が返って来た。「それは面白い！」と。

しかし、川上会長はコンピューター、ゲーム、アニメ、数学おたくで、驚くほど「テレビタレント」「テレビ番組」のことを知らない。おそらく、ビートたけしのフリートークすら聞いたこともないし、北野武の映画作品も観たことがないと推測された。

翌日、『ヒンシュクの達人』（小学館新書）など、ビートたけしが時事問題・社会問題について語った本を3冊ほど渡した。すると3日後、いきなり会長室に呼ばれた。

「たけしさんを年末の『衆議院総選挙特番』に呼べませんか？」

本を渡してからわずか3日。恐ろしいスピードで、全く予期せぬ指令が下された。川上会長は「たけし本」を読み始めたら止められなくなり、3冊をほとんど一晩で一気に読んだらしい。

たけしサイドと交渉したら、意外にも数日でOKとの返事が来た。

本番当日、ニコ動の小さなスタジオに大御所ビートたけしがやって来た。ドワンゴの木村仁士ディレクターが控室に入るとビートたけしは立ちあがって挨拶する。木村がいたく感激していた。

私が言った。

「たけしさん、ニコ動には放送コードはありません。今夜はどうぞおもいっきり」

たけしはフンフンと黙って聞いている。微かに笑った気がした。

スーツに着替えたビートたけしがスタジオに入り、ネットの画面上に現れた。

ニコ動ならではだが、登場するやいなや画面いっぱいに、「ｗｗｗｗｗｗｗｗｗｗｗｗｗｗｗｗｗｗｗｗｗｗｗｗｗｗｗｗｗ」の嵐。「ｗ」はネット用語で「笑い」や「驚き」を意味する。

司会の八木亜希子が「たけしさんが総理大臣になったら？」と質問を振ると、いきなりたけしは全開だった。

「徴兵制復活。核武装。東京湾に75歳以上の老人のための『脱法ハーブとヒロポンやり放題島』を作ろう。その横に原発建設。そして吉原も完全復活」

久々に、天才の毒舌マシンガントークが炸裂した。ネットユーザーたちの反響もものすごい。まさにこれこそ「シン・テレビ」だ。私の携帯のメールに川上会長から何度も「これスゴイね〜」「タマんないね〜」のメッセージが入る。1時間の言いたい放題、やりたい放題を終え、ビートたけしは風のように帰って行った。

配信翌日、ビートたけしがいる日テレの楽屋にお礼に行くと、満更でもないご様子。

「今度、芸能界ひっくりかえしちゃおうか？」

と不敵な提案を残しスタジオに入っていった。テレビ屋の本懐をニコ動のスタジオで感じる不思議な体験であった。

メディアの置かれる環境は変わってても「テレビの誇るコンテンツは死んでいない」——

たけしの躍動を見て、私はそう実感した。

ジブリと『元気』の意外な共通項

ビートたけしの圧倒的な思考力は、ネット上でも十分なバリューを持っている。テレビ界が誇る随一の頭脳は、決してインターネットの最前線でも輝きを失わない。では、なぜテレビは「面白くなくなった」と言われてしまうのか？

その答えの一端をくれたのが、私淑するスタジオジブリの鈴木敏夫プロデューサーだ。彼とは1992年の『紅の豚』公開から24年間、不思議な縁で繋がっており、公私ともに様々な関わり合いを持ってきた。映画好きの私の著作『ヒット番組に必要なことはすべて映画に学んだ』（文春文庫）もジブリの小冊子「熱風」連載時からの鈴木氏のお膳立てがあって出版化できた。鈴木プロデューサーの隠れ家的アトリエである通称「れんが屋」にもよく遊びに行って、鈴木流ビジネス作法や人心掌握術を吸収しようとしてきた。

鈴木プロデューサーは東京FMで日曜夜11時から『ジブリ汗まみれ』という対談番組をやっている。

２０１３年のある日、私は鈴木さんに頼みこんで日本テレビの将来を背負って立ちそうな６人のディレクターを番組に出してもらった。もちろん若い彼らに鈴木プロデューサーの存在感や熱量を感じてもらいたいという意図があった。鈴木敏夫プロデューサーも「日本テレビの現場の若手に会える」と朝から大変楽しみにしていたらしい。

若い６人には、それぞれ自己紹介と理想のテレビ番組像を述べてもらったが、その内容は非常に優等生的であっさりしていた。

これに鈴木プロデューサーは物足りなさを感じたようだ。やがて６人の話をじっくり黙って聞いた後、彼は突然こう語りはじめたのだった。

「君たち、『おしん』ってドラマ知ってるよね？　あの時代、『差別問題』がかなり表面化して深刻な社会問題になっていた。そこで『おしん』は少女の成長という形をかりて『差別とその克服の物語』をオブラートに包んでやったわけだ。橋田壽賀子って偉かったんだよ。つまり一番面白いのは『公序良俗に反することを演出や何らかの方法でオブラートに包み表現する』ということなんだよ」

鈴木プロデューサーは、礼儀正しいがやや大胆さに欠ける若手社員をこう挑発し始めたのだ。大人から子供まで楽しめる良識アニメの模範のようなスタジオジブリのプロデューサーがこう発言する。6人の日本テレビ社員が唖然としている中、さらに鈴木氏は面白いバラエティ番組の理想像について具体例を挙げて語り始めた。

みんな若いから気付いていなかったが、私は途中から気が付いた。鈴木プロデューサーの挙げる面白いテレビ例は、全てビートたけしとテリー伊藤が作り上げた『元気が出るテレビ!!』のコーナーの数々だったのだ。挙句の果てに彼は、小さな声で囁くように「日曜8時にやっていたやつみたいに」と言った。

あのバラエティの金字塔は、まさに「公序良俗」に反することをオブラートに包んで表現したものだった。時には、オブラートに包むことすら拒否していた。

しかし、あのジブリの鈴木プロデューサーがなぜ、『元気』をそこまで評価しているのだろうか？　私はラジオ収録からの帰路、「なぜ？」と思いを巡らせた。

『元気が出るテレビ!!』は、「テレビとは真実を伝えるものだ」という既成概念を破壊した画期的な番組だった。今なぜかあの番組を評価する人は少なくなったが、欧米で今でも大流行しているドキュメントバラエティの世界初のプロトタイプともいえる存在である。

同時代を生きた私は、「あの番組はビートたけしとテリー伊藤の頭の中に浮かんだ『妄想のようなモノ』を映像化した番組である」と思っていた。そう解釈すると鈴木プロデューサーが絶賛する理由が良く理解出来るのである。

考えてみれば、『風の谷のナウシカ』から始まるジブリの画期的で超高品質のアニメーションは、宮崎駿や高畑勲といった巨匠アニメーターの中にある「トンデモナイ妄想」を映像化したようなものである。『元気』を物凄く大げさに言うと、ある意味リアルであったと同時に、絵画であればサルバドール・ダリ、映画であればフェデリコ・フェリーニや鈴木清順監督作品のようなファンタジー性を持った番組であった。

また、『元気』のような「暴れん坊番組」は、インテリで人道主義者ではあるが権威や偽善を嫌い「公序良俗に反するものほど面白い」と考える鈴木プロデューサーには日曜夜の娯楽として最適であったかもしれない。ちなみに元徳間書店社員で「アサヒ芸能」の記者であった彼は、いまも東映任侠・ヤクザ映画をこよなく愛する。

スタジオジブリ作品も『風立ちぬ』で軍事兵器である「ゼロ戦」の設計者を主人公にしたり、『もののけ姫』でハンセン病患者を描写していたり、よく見ると社会のアンタッチャブルな部分との「境界線・断面」をオブラートに包んで提示しているものがたくさんある。

まさかの「脚本依頼」

鈴木プロデューサーは、私に絶えず刺激を与えてくれる。突然、私に英国児童文学の傑作である『思い出のマーニー』(岩波少年文庫)上下巻を手渡し、「この作品の脚本を書きませんか」と持ちかけてきたことがある。そう、後に米林宏昌監督作品として劇場公開されることになる映画『思い出のマーニー』(14年)の脚本を、真顔で依頼されたのである。

彼の真意はわからない。私にとっても、脚本を書くなんてことは大学時代に学生映画に携わって以来のことだった。高名な脚本家にお願いしてジブリサイドとクリエイティブ上の意見が食い違うよりも、アニメ素人のテレビ屋である私のほうが、みなで議論がしやすい新鮮な脚本ができると思ったのであろうか——。キツネにつままれたような思いだったが、それでも私は「何よりの修業と経験になる」と無報酬で引き受けた。

いずれにしろ、脚本を書き始めてわかったのは、私たちの作ってきた「テレビバラエティ」と「アニメーション」の天と地ほどの差と違いである。しかも、アニメ界の一流中の一流「ジブリ」である。

テレビドラマやかつてのテレビ創生期バラエティ『シャボン玉ホリデー』『ゲバゲバ90分』などは綿密に台本を作り、アドリブ一切無しの世界。スタッフとタレントは昼夜、台本作りと稽古に明けくれた。一流ともなると台本は考え抜かれ、演出は練りに練られていた。熱く緻密に作られていたのである。……そして今やバラエティは、恐ろしいほどの「タレントおまかせ」「アドリブ天国」となった。

台本を読むタレントさんもほとんどいないし稽古もなし。ディレクターによって用意されたロケ映像やスタジオ展開があり、司会の女子アナウンサーなどの導入でタレントはアドリブで対応する。それを長く回して「オイシイところ」を摘んで編集してゆく。確かにそうしないと、毎週放送可能なコンテンツを効率的に制作できないという事情もあるだろう。おそらくこれにはフジテレビの『オレたちひょうきん族』などの影響と明石家さんまをはじめフリートークの天才の出現の影響が大きいと思う。

しかし、映画は何年もかかって1本の作品を練りに練って作る。寸分の隙なく計算して作り上げる。しかもアニメーションの台本は全ての要素を書きこまなければいけない。キャラクター、仕草、カメラ位置、画角、天候、美術、風景、台詞、風の動き……。なにしろ全てである。

さらにジブリのさる方がひそかに教えてくれたのは驚くべき事実だった。例えば「建物」を描く場合、何年頃に、何様式で建てられて、屋根の瓦の材質は何でできていて、壁の素材は何で、窓枠やカーテンは何色で、背景の空は何時頃のどんな感じの雲が出ているのか？　全て書き込んでいるとのこと。

テレビ屋はほとんどリアルの世界に生きている。しかも便利なアドリブを放ってくれるタレントという存在がいる。しかしアニメーションはイマジネーションを極限まで拡張し繊細に細部まで世界を構築しなければならない。全く違う作業だった。大胆さと繊細さが必要な仕事だった。これは再びテレビ屋にも取り戻しておかなければならない「制作過程」だとも思った。「考えること」「計算すること」「組みあげること」「想像すること」……。

私は5か月間ほとんど酒も飲まずに帰宅して第2稿まで書いた。

第2稿を出して2週間後、スタジオジブリの鈴木プロデューサーから「れんが屋」に呼び出しがあった。夜7時。私ひとりしか来ていない。鈴木氏が言う。

「吉川さん。お腹空いてませんか？　ラーメンがあるんだけれども」

「ハイ」と答えると鈴木氏が自ら作り出した。出来上がった醤油ラーメンは驚くほど美味しかった。ズーズーと食べながら鈴木氏が言う。

「吉川さん。脚本ちゃんと書けるじゃないですか」

私にはとても意外な言葉だった。

「あ、ハイ。大丈夫でしたか？」

ラーメンをすする音がれんが屋に響く。

「ウン。まあ。……ところで、吉川さん。誰かいい脚本家いませんかね〜」

……つまり私はこの瞬間、脚本家としてクビを切られたのだ。でも、不思議に怒る気もしないし、むしろ不思議な安堵感が訪れた。私は根を詰めすぎて、袋小路に入り込んでいた。

鈴木プロデューサーは、アニメ素人の私の切り口を見たかったのであろうか。いや、きっとこの「残念な結果」をわかった上で依頼していたのだろう。しかしこれは、私にとって「本物のクリエイティブとは何か」を再考する重要な手がかりとなった。鈴木プロデューサーも、その機会を与えようとしてくれていたのかもしれない。

ビートたけし、明石家さんま、所ジョージという3人の天才性を活かした番組制作を心がけつつ、一方で今まで彼らの才能と技量とキャラクターに「頼りすぎ」になっていなかったかという重要な気づきを得ることができた。

巨星の言葉に「シン・テレビ」へのヒントがある

テレビが今後、劣化する運命を拒否し、進化していくにはどうすればいいか。

まず、思い出すのは日本テレビの大先輩だ。細野邦彦・井原高忠という2人の伝説的天才テレビマンの言葉である。

まず、細野邦彦。ある日、「NHKの大河ドラマを視聴率で抜け」という無謀な指令が上層部から彼に下された。

その細野は奇跡を起こした。1969年、男女のタレントがジャンケンし、負けると服を脱いで現ナマでオークションする究極にゲスな野球拳番組『コント55号の裏番組をぶっ飛ばせ!!』を作り、本当に「大河」を抜いてしまうのだ。

細野は、日本各地で起きた恐ろしい事件をタレントがリポートするバラエティ『テレビ三面記事　ウィークエンダー』（1975～84年）を企画・制作。さらに言えば、いまでもテレビに時々登場する「熱湯風呂」の初代開発者でもある。

ちなみに細野は小林信彦の小説『オヨヨ大統領』に登場する、敏腕テレビマン細野忠邦のモデル。1979年には、当時は無名だった小池百合子・現東京都知事を初めてテレビに出した。作る番組はゲスでも本人は音楽センス抜群の洒落た人であった。

大御所・美空ひばりは日テレ出演の時に必ず彼をディレクターで指名した。立教大出身だが、かつて京都の不良だったらしく微かにアウトローの香りがする。

　細野邦彦に会った時に聞いてみた。

「細野さん。今のテレビにないものは何ですか？」

　細野邦彦は一瞬の間を置いて答えた。

「『芸』だね。演じる側も作る側も。大阪に藤山寛美って喜劇役者がいただろう。アホな丁稚ボンで有名な。もちろん芸でアホを演じていたんだが、芸だから笑うんだ。利口がアホを演じてるから腹から笑える。観客はそんなに馬鹿じゃない。今のテレビは本物のアホを出してる。それじゃ持たないんだ。2〜3回でハイ終わり。作る方も芸も知恵も企みもある奴が少なくなったね」

　そして、こうも言った。

「俺は人間の本能、『どうしても見たくなるもの』に訴えるものを作ってきた。ただしゲスをお洒落に……というのがポイントだ。見ている側に言い訳を与える。これがコツ。ゲスを見せるのには極上の音楽と洒落たセットは欠かせない。例えば『ストリップを歌舞伎座で』『赤札堂（上野の安売りデパート）の品物を和光（銀座の高級百貨店）で』と俺は見せて来た。……そしてもっと言えばテレビはタダだから難しい。しかも何千万人の有象無象の不特定多数が見るんだ。その人たちの感覚・感性・本能にどう訴えるか？　そこを認識するとしないとでは大違い。映画は金払っているから嗜好性があるし、観客が理解しようとある程度、懸命に見てくれるんだ。視聴・メディア環境を考えるんだ。……ああそれから、言っとくけどインターネット動画配信とテレビとは全く違うから。覚えておくように。それともう一つ、テリー伊藤は認めない。俺とアイツは流儀が違いすぎる」

そしてもうひとりの大御所・井原高忠は某財閥関係の御曹司だ。靴から洋服までとにかく洒落ていた。テレビ創生期からのクリエーターで、日本テレビの上層部をアレコレ言って懐柔し、１９６０年代のアメリカで最先端のショービジネスとテレビ技法を学んだ。シヨートコント番組『巨泉×前武のゲバゲバ90分！』『11ＰＭ』など画期的な番組を次々に生み出して来た天才テレビマンである。また「とんねるず」の名付けの親でもある。

以下は井原の著書『元祖テレビ屋大奮戦』（文藝春秋刊）の最終章「現在のテレビに言いたいこと」からの引用である。

〈この間も、若いディレクター、プロデューサーを集めて、二時間、得意の大演説をしたんです。その時に言ったことが、今のテレビに対する僕の一つの批判じゃないかと思いますね。

とにかく、朝から晩まで、なんでこんなに寄ってたかってわめいているのかね、テレビは。まず朝、パッとひねりますでしょ。『ズームイン！　朝!!』ってのがありますね。徳光君てのは、非常に面白いことを言っても、ソフトで、ちっともうるさくない。静かに面白いことを言ってる。（中略）他の人がなんか言うと、朝っぱらから大騒ぎになる訳ね。なんで朝からああ叫んでいるんだろう。（中略）見てる方は起き抜けですからね。昼は昼で、8チャンネルをひねれば『笑っていいとも！』。タモリという人は、あれも大騒ぎしても、実はそう気にならない人なんだよ、耳にね。あの人は、一種の天才ですからね、おもしろい。ところが、他の人がそれに輪をかけて大騒ぎしてる。

夜の番組なんてのは、殆どが二、三流のタレント集めてワーワーわめいてる。（中略）今や、一種の麻薬中毒みたいに、テレビに出る人も作る人も、大きな声でワーワー騒いでないと心配でしょうがないっていう感じがする。

セットもまた、極めつきのひどさですね。まあ、ホリゾント（注：スタジオの壁面）の前でやってた方がよっぽど綺麗だろうと思うのに、安手の汚ないセットに、電飾がピッカピッカついていて、そのセットの前にはりついて、ワーワー、三流のタレントが騒いでるでしょう。これは正気の沙汰とは思えない。

（中略）そうして、朝から晩まで、ワーワー、愚にもつかないことで騒いで、自分で作るものに自信がないから、出て来た人間に「おもしろいですね。すばらしいですね」って言わせてる。そんなのは視聴者がいうことだ、出てる奴の言うことじゃないってんだ。そんなのは全部やめろ。そこから始まるわけですよ。

そうしますと、今度は、局の編成の人間が心配でしょうがない。こんなに静かで大丈夫だろうか。こんなにセットがなくていいんだろうか。放送局の人たちは、もう全員、中毒ですよ。

もう一遍、初心にかえって、ゼロからやれってことを言ってるわけ。そうして、ゼロからやったら視聴率とれるはずです〉

私が30年のテレビ屋生活で導き出した「答えのようなもの」は、僭越ながら先輩たちの話すことと輪郭を共にしている部分が多い気がする。今放送されているほとんどの番組の演出・プロデュースの方法全てに「思想」と「哲学」と「理屈」と「企み《たくらみ》」を感じない。何か「お得そうな情報と旬のお笑い芸人とアイドルを出しておけば良いだろう」という根拠なき雰囲気だけで流されてやっている安易な番組が多すぎる気がするのだ。

テレビは「人柄」である

最後に私の「これからのテレビに期待すること」を述べたい。それは「テレビ屋とテレビ番組のＤＮＡの話」である。

20数年前、私が所ジョージ司会の『クイズ笑って許して!!』のディレクターをやっていた頃の話だ。

私は、室川治久プロデューサーから「面白くて新鮮なテイストの解答者を」というオファーを受け、当時独立系映画でヒットを飛ばしていた元日活の映画監督・鈴木清順をキャスティングした。『ツィゴイネルワイゼン』（80年）、『陽炎座』（81年）などの作品は、独自の個性・美意識を満載にした鈴木監督にしか撮れないものばかりだった。

慣れない出演に心配は多少あったものの、鈴木監督は大活躍。演出意図を理解し飄々とした味を見せてくれた。こういう場合、テレビ屋の習慣で「メシをご馳走してまずは御礼」と相成る。

麹町の日テレの地下にあった、評判の和食屋へ室川Pと私がお伴した。憧れの監督は健啖家で、実に美味しそうにビールを飲み、平目の刺身をつまんだ。

すると、ふと監督が突然私に聞いてきた。

「吉川さん。テレビでも作っている人の人柄が表れるでしょう？」

映画に監督の人間性が出ることはよくわかる。しかし「テレビでも、クイズ番組ですら人柄が出る」というのが鈴木監督の強い主張だった。例えば「善人」だとか「腹黒い奴」だとか、「品格がある」とか「下品な奴」だとか、「知性がある」とか「バカ」だとかまでもわかると仰る。この本の最終校了前、鈴木清順監督が亡くなったというニュースが飛び込んできた。ご冥福を祈るとともに、私は彼のこの言葉を胸に刻みつけておきたいと改めて感じた。

前段で述べてきたように、日テレの番組には『元気が出るテレビ!!』から『進め!電波少年』、そして現在の『世界の果てまでイッテQ!』まで、通底した「テレビ屋のDNA」が流れている。

しかしDNAを継承しているといっても、それでも「作り手の個性・人間性」のほうが前面に出てくるものなのだ。

確かに『元気』のテリー伊藤と、『電波少年』の土屋敏男、『イッテQ』の古立善之は全く違う個性を持っている。

テリー伊藤は、いわばアーティスト系だ。「パンチドランカー・たこ八郎に東大生の血を輸血したら知能指数が上がるか?」など、自分の中に生まれたイメージを映像化する天才だった。

一方、土屋敏男はワイルドな実験家、発明家である。猿岩石やなすびを使った企画で、「人間の極限状態」をエンターテインメントにしてみせた。

普段物静かな古立善之は無名のイモトアヤコを国民的人気者にしたが、これはよほどの計算と腕がないとできない。彼の作る番組は限界に挑戦しているのにどこか可愛げがある。

過去のDNAを踏襲しても、各人の個性、置かれた社会背景によってまったく違うものができあがる。テリー伊藤や土屋敏男の番組を現代でやるにはかなりのアレンジが必要だ。テレビ局はこの優秀なテレビ遺伝子をもっと大事に考え、扱ったほうがよいと思う。

不肖、私が受け継ぎ残したDNAについて少しだけ。それは世の中の矛盾・不正・不合理に物申す『巨泉のこんなモノいらない!?』、NHKも嫉妬した関口宏の人物伝番組『知ってるつもり!?』に続く日本テレビの『知的エンターテイメント』路線である。

私は人間の「知りたい意欲」に訴えるモノを作りたいと考え続けてきた。テレビ屋に一番大切なものは？　と聞かれたら、ズバリ「底知れぬ好奇心」と答えるだろう。

『世界まる見え！テレビ特捜部』でも『特命リサーチ200X』でも、「視聴者には難しいだろう」と難解なネタを扱うことを躊躇しなかった。「ブラックホールとは何か？」「人類の起源とは何か？」「死刑とは何か？」という深遠なテーマを取り上げるたび、スタッフは山ほど本を読み、海外の番組を解読しこの難解なネタに挑戦した。現在の『世界まる見え』の総合演出の三浦伸介には、「難解なネタを避けないように」と引き継ぎのメッセージを残した。「知的エンターテイメント」のDNAは継承されていると思う。

DNAを残せなかった反面教師が、フジテレビの黄金時代を支えた王東順プロデューサーの『なるほど!ザ・ワールド』（1981～96年）である。海外ロケ番組史上の最大のヒット作品であり、当時我々日本テレビが作っていた海外取材番組とはまるでレベルが違っていた。リサーチ力、テレビとしての見せ方、リポーターの使い方、そして海外コーディネーターの巨大ネットワーク。どれをとっても足元に及ばなかった。しかしフジのこの海外取材番組のノウハウ・DNAが継承されなかったのは本当に残念であった。もし継承されていたらフジは今でも一大ジャンルを持つ恐ろしい存在であり続けたはずだ。


私は30数年前、就職準備のために古本屋でテレビ関係の本を漁っていた。そんな中で見つけたのが、倉本聰の『6羽のかもめ』というドラマのシナリオ集である。

NHK大河ドラマ『勝海舟』で倉本聰が途中降板した後、フジテレビで放送された伝説のドラマであった。放送されたドラマはテレビ界の内幕モノである。きっといまでは作れないだろう。最終回のタイトルが凄い。「さらばテレビジョン」。

ドラマの設定は1974年、テレビ黄金期である。最終回の劇中劇では、政府が国民の知的レベルが下がると言って「テレビ禁止令」を出す。終盤、山崎努演じる放送作家が、こんな思いをぶつける。

「だがな、一つだけ言っておくことがある。（カメラを指して）あんた！　テレビの仕事をしていたのに、本気でテレビを愛さなかったあんた！（別を指す）あんた！　テレビを金儲けとしてしか考えなかったあんた！（他を指す）あんた！　良くすることも考えずに偉そうに批判ばかりしていたあんた！　あんた!!　あんたたちにこれだけは言っておくぞ！　何年たってもあんたたちはテレビを懐かしんではいけない。あの頃は良かった。今にしてみればあの頃のテレビは面白かった。後になってそんなことだけは絶対言うな。お前らにそれを言う資格はない。懐かしむ資格のあるものは、あの頃懸命にあの状況の中で、テレビを愛し闘ったことのある奴。それから視聴者──愉しんでいた人たち──」

私がビートたけし、明石家さんま、所ジョージとともに、テレビ界に闘いを挑んだ時代。それは懐かしいばかりではない。思い出すたびに、「今でもテレビはやれるはずだ」と考えさせる示唆に富んでいると思う。「故《ふる》きを知ること」は決して懐古趣味ではない。未来を生き抜く旅の、武器を探すことなのだ。

あとがき

2015年の暮れのある寒い日曜日の夜のことだった。数日後には真夏の南半球・オーストラリアの明石家さんまの別荘に、家族で行くことになっている。明石家さんまは唯一プライベートでお付き合いしている芸能人である。20数年来続いてきた、年末年始の恒例行事だ。

その日、私は渋谷・神南のNHK放送センターの11階会議室で、水道橋博士と会った。その夜はNHKの誇る『NHKスペシャル』とニコニコ動画の『ニコニコ・ドキュメンタリー』がコラボレーションした生放送の仕事だった。テーマは凄まじい映像で近代史の壮絶さを描く「新・映像の世紀」。『NHKスペシャル』の看板中の看板番組だ。歴史の専門家らとともに同番組の熱狂的なマニアである水道橋博士が出演してくれた。

博士とはテレビ局の廊下で会っても会釈する程度の関係だった。ドキュメンタリー偏執狂の博士との何気ない会話からいつのまにか、ある私の「構想」について語りあうことになった。

「テレビにおける巨人たちと、あのテレビの熱い時代を描きたい。今のテレビに多少の刺激と活力を与えられたら」

博士はタレントでありながら知られざる文化人・実力者にスポットライトをあてる慧眼の名プロデューサーであった。すぐに私の意図を理解してくれた。

「僕の主宰している『水道橋博士のメルマ旬報』に書きませんか？」

というわけで50人以上の名だたる執筆者に並び、同メルマガで『吉川圭三のメディア都市伝説』の連載が決まった。

10回ぐらい書いた時に、水道橋博士がどこかで「吉川さんの文章が最も熱い」とつぶやいてくれた。おだててくれたのだろうが、私はこの手の褒められ方に弱い。さらに気合いを入れて書いていたら、その文章をベースにほぼ書き下ろしの書籍化が決定した。

1982年、私は日本テレビに入社した。30数年前のそこは有象無象の個性が溢れ、かの梁山泊のような様相を呈していた。「天才と奇人変人と駄目人間たちのメルティングポット」であった。そこから今日まで体験した作る人、出る人のにわかには信じられない「テレビ伝説」「創作の秘密」を書こうとした。

決定的だったのは今最も勢いのある映画史・時代劇研究家である春日太一との出会いであった。彼は『あかんやつら～東映京都撮影所血風録』という東映の栄枯盛衰と個性ある人物たちの群像劇を見事に書き記した。……そうだ、私も「テレビ屋人生」だけではなく、長年仕事を一緒にしてきた、ビートたけし、明石家さんま、所ジョージらとテレビ屋たちの天才性について「この目で観た記録」を記しておこうと思ったのである。

私は現在、エキサイティングなネット業界に身を置き、秒速で変わるめまぐるしい日常を送っている。ドワンゴの川上量生会長、「ホリエモン」こと堀江貴文、2ちゃんねるを開設したひろゆき（西村博之）らと接していると、ネット界の寵児たちは卓抜な発想を持つ、論理の世界に生きる個性豊かな起業家たちだと実感する。一方、テレビは作るほうも出るほうも論理は支離滅裂、不条理と感覚の世界に生きる人間ばかり。どうしようもない業を持った表現者・仕事人たちである。また私もテレビ人生30年余、現場で右往左往しながら自ら味わい尽くすように面白いテレビ屋稼業を送ってきた。

ビートたけし、明石家さんま、所ジョージらの才能あふれる個性のカタマリ。井原高忠、細野邦彦、テリー伊藤など、巨匠・黒澤明を目指すことを拒否しテレビ独自の表現を開拓した男たち。彼らの努力と工夫を基礎に今のテレビがある。

今、テレビが閉塞状態に陥っているのであれば、偉い方々はこうしたテレビ屋の熱を今もう一度取り戻す方法を真摯に考えるとともに、「新しいこと」「見えないこと」をやることに躊躇しない勇気をテレビの世界で醸成してほしいと思う。

アメリカのテレビドラマ界も１９７０年代には極度に沈み込み、80年代後半から、若手映画クリエイターなど外部から才能を注入し再び復活した。最近は「Ｎｅｔｆｌｉｘ《ネットフリックス》」からホワイトハウスが舞台の傑作ドラマ『ハウス・オブ・カード』などが生み出され世界的なコンテンツとなった。私が最近頻繁に出張に行く中国でもテレビを含む映像コンテンツ産業が急激な成長を遂げている。

そしてテレビ界のもうひとつの難題が、ネット普及以来の過剰なクレームや同調圧力にどう抗するかである。時には、スポンサーへの不買運動などにつながるからタチが悪い。

これらに萎縮せず、自由に表現活動ができるシステムを大胆に構築できないものか。

放送法などの存在もあり、業界構造をも一変させる相当な取り組みになると予測されるが、「テレビの面白さ」を保つためには必須の取り組みだと思う。私も『世界まる見え！テレビ特捜部』をやっていたので世界の映像業界を色々研究してきたが、アメリカの連邦通信委員会（FCC）は戦略的にケーブルテレビに表現の自由を与えた。『セックス・アンド・ザ・シティ』『ウォーキング・デッド』『ブレイキング・バッド』など、そこから国際競争力のある多様なコンテンツが生まれた。

今まで「おいしすぎるメディア」であった日本のテレビ界が踏ん切りを付けるのは大変だと思うが、私はネット界にいてある種の危機感さえ持つのである。

ジブリの鈴木敏夫プロデューサーは会うといつも私にこう言う。

「吉川さん、できるだけお金をたくさんかけて作ってくださいよ」

「お金を使え」……テレビ界で最近聞かなくなった言葉だ。それだけ資金を集められる鈴木プロデューサーも凄いが、ドワンゴの川上会長もコンテンツによっては採算を度外視することがある。

「予算はメリハリが大事だ。意味のない『一律』という考えがコンテンツのパワーを著しく奪う」

と川上氏はいつも語る。


テレビ界は、ネット界に学ぶべきことが多い。あえてそう言うのは、私がテレビパワーの復権を強く願う一人だからである。

テレビは依然、現代最高の映像動画インフラである。また、日本ではテレビ局内に制作機能がある。これは、実は世界的にはかなり稀なケースだ。つまりテレビ局は日本における映像コンテンツ制作の根幹を握っている。あとは社員と制作スタッフの「士気」と「仕事をする喜び」を引き出すだけである。外部の制作会社の興隆と活性化も考えなければならない。芸能界の交通整理も大変であろうが、行き過ぎると視聴者不在の状態を生む。先輩たちは己の信じるものを追求するために大御所タレントとも大芸能プロダクションとも立派に対峙してきた。

私は現在ＩＴ企業「ドワンゴ」でコンテンツ制作に携わりながら、かつてテレビがそうであったように「口頭でプランを述べた後、わずか３秒で企画が決まる体験」をしてきた。巨大テレビ局と比較するとドワンゴは超大型客船と高速クルーザーほどの規模の違いがある。ドワンゴには分厚い企画書を何度も書き直し、大勢の社員で検討している時間などない。予算もテレビ局ほど膨大にはない。ただ、認めざるをえないのはドワンゴには「熱と活気がある」ことだ。さらに、「動くときと留まるときのスピードにメリハリがある」し、「常に猫の目の様に変化し、新しいことに挑戦している」し、「タブーやアンタッチャブルに挑戦している」とも感じる。そして何より、「何でも面白がろうという気持ち」がある。

とはいえ、私がネット業界でどうにか生き延びられているのは、日本テレビで多種多様な経験をさせていただいたからに尽きる。とんでもない失敗も寛大に見逃してくれ、実験的な試みにも口を挟まず体を張って守ってくれた素晴らしい先輩・上司に恵まれていたからだ。そして、ビートたけし、明石家さんま、所ジョージという当代随一の天才と仕事をさせていただいたことが土台にある。

今後も私は映像コンテンツ業界で生き延びていくつもりだが、ドワンゴのある銀座から日テレのある汐留方面を眺めながらつくづく思う。「テレビ離れ」などといわれる昨今の日本だが、とんでもない話だ。やり方次第ではいかようにでもなる。そう、私はいまだ「テレビを諦めきれないテレビバカ」なのである。

編集／山内健太郎
本文ＤＴＰ／ためのり企画
イラスト／佐野文二郎

吉川圭三［よしかわ・けいぞう］
1957年東京都生まれ。早稲田大学理工学部卒業後、1982年に日本テレビ入社。「公開・演芸」班で様々な番組を経験後、自ら立ち上げた『世界まる見え！テレビ特捜部』が大ヒット。その後も『恋のから騒ぎ』『特命リサーチ200X』『1億人の大質問!?笑ってコラえて！』など数々の人気長寿番組に携わる。その後、制作局長代理・制作局エグゼクティブプロデューサーなどを経て、2013年より株式会社ドワンゴへ出向。現職は会長室・エグゼクティブプロデューサー。「ニコニコドキュメンタリー」の責任者でもある。著書に『ヒット番組に必要なことはすべて映画に学んだ』（文春文庫）。

たけし、さんま、所の「すごい」仕事現場

二〇一七年 四月 四日 初版第一刷発行

著者 吉川圭三
発行人 飯田昌宏
発行所 株式会社小学館
〒一〇一-八〇〇一 東京都千代田区一ツ橋二ノ三ノ一
電話 編集：〇三-三二三〇-五九五一
販売：〇三-五二八一-三五五五
印刷・製本 中央精版印刷株式会社

Printed in Japan ISBN978-4-09-825297-8